はじめに

多くの書籍の中から、「Excel マクロ／VBA 超実践トレーニング Office 2021／2019／2016／Microsoft 365 対応」を手に取っていただき、ありがとうございます。

マクロ・VBAをマスターするためには、操作や構文を理解し、プログラムコードを実際に書いて実行することが重要です。本書では、マクロ、モジュール・プロシージャ、オブジェクト、変数、制御構文、関数、イベント処理、ファイル処理などの機能を解説の対象としています。まずは解説をしっかりと読み、そのあと2つの問題に取り組みましょう。内容を理解し、手を動かすことを繰り返すことで、確実にスキルアップを図ることができます。

本書は、根強い人気の「よくわかる」シリーズの開発チームが、積み重ねてきたノウハウをもとに作成しており、講習会や授業の教材としてご利用いただくほか、自己学習の教材としても最適です。
本書を学習することで、Excelの知識を深め、実務にいかしていただければ幸いです。
なお、マクロとVBAの操作学習には、次のテキストもご活用ください。

「よくわかる Microsoft Excel マクロ／VBA Office 2021／2019／2016／Microsoft 365対応」
（FPT2220）

「よくわかる Microsoft Excel VBAプログラミング実践 Office 2021／2019／2016／Microsoft 365対応」（FPT2308）

本書を購入される前に必ずご一読ください

本書に記載されている操作方法は、2024年9月現在の次の環境で動作確認をしております。

・Windows 11 Pro（バージョン23H2　ビルド22631.4169）
・Excel 2021（バージョン2408　ビルド16.0.17928.20114）
・Excel 2019（バージョン1808　ビルド16.0.10414.20002）
・Excel 2016（ビルド16.0.4266.1001）
・Microsoft 365のExcel（バージョン2408　ビルド16.0.17928.20114）

本書発行後のWindowsやOfficeのアップデートによって機能が更新された場合には、本書の記載のとおりに操作できなくなる可能性があります。あらかじめご了承のうえ、ご購入・ご利用ください。

2024年11月13日　FOM出版

◆Microsoft、Windows、Excel、OneDriveは、米国Microsoft Corporationの米国およびその他の国における登録商標または商標です。
◆QRコードは、株式会社デンソーウェーブの登録商標です。
◆その他、記載されている会社および製品などの名称は、各社の登録商標または商標です。
◆本文中では、TMや®は省略しています。
◆本文中のスクリーンショットは、マイクロソフトの許可を得て使用しています。
◆本文およびデータファイルで題材として使用している個人名、団体名、商品名、ロゴ、連絡先、メールアドレス、場所、出来事などは、すべて架空のものです。実在するものとは一切関係ありません。
◆本書に掲載されているホームページやサービスは、2024年9月時点のもので、予告なく変更される可能性があります。

目次

■ 本書をご利用いただく前に --- 1

■ 第1章 マクロの基本 --- 7

1-1	定型作業をマクロに記録するには？	…………………… 8
1-2	記録したマクロを実行するには？	………………………… 10
1-3	マクロを有効化して開いたり保存したりするには？	……… 12
1-4	マクロを指定のブックに保存するには？	………………… 14
1-5	マクロの不要な行を削除・コピーするには？	…………… 16
1-6	マクロを編集しコンパイルを実行するには？	…………… 18

■ 第2章 モジュールとプロシージャの基本 ---------------------- 19

2-1	モジュールを作成するには？	……………………… 20
2-2	プロシージャを作成するには？	…………………… 22
2-3	プロシージャをショートカットキーに登録するには？	……… 24
2-4	プロシージャをボタンや図形に登録するには？	………… 26
2-5	モジュールをインポート・エクスポートするには？	………… 28

■ 第3章 オブジェクトの利用 ------------------------------------ 31

3-1	セルのフォントを変更するには？	……………………… 32
3-2	セルまたはセル範囲を選択するには？	………………… 34
3-3	複数のプロパティを同時に設定するには？	…………… 36
3-4	選択しているセル範囲に罫線を引くには？	………………… 38
3-5	表のひとつ下のセルを選択するには？	………………… 40
3-6	連続するセル範囲に背景色を設定するには？	…………… 42
3-7	行高や列幅を自動調整するには？	…………………… 44
3-8	セルを指定の形式でコピーするには？	………………… 46
3-9	選択しているセルやセル範囲に名前を付けるには？	……… 48
3-10	フィルターでデータを抽出するには？	………………… 50
3-11	表のデータを並べ替えるには？	……………………… 52
3-12	図形やグラフの表示／非表示を切り替えるには？	……… 54
3-13	ワークシートを追加したり削除したりするには？	……… 56
3-14	ワークシートをコピーしたり移動したりするには？	……… 58

3-15	印刷のページレイアウトを設定するには?	60
3-16	ワークシートの印刷範囲を設定するには?	62
3-17	ワークシートに改ページを追加するには?	64
3-18	ブックを開くには?	66
3-19	選択したブックのパスを調べるには?	68
3-20	ブックを保存するには?	70
3-21	ブックを閉じるには?	72

■第4章　変数と制御構文 ------------------------------------- 73

4-1	変数を利用して計算を行うには?	74
4-2	定数を利用して計算を行うには?	76
4-3	条件が成立した場合の処理を指定するには?	78
4-4	条件の成立・不成立に応じて処理を分岐するには?	80
4-5	条件が複数ある場合の処理を指定するには?	82
4-6	条件が多い場合に処理を分岐するには?	84
4-7	指定した回数だけ処理を繰り返すには?	86
4-8	コレクション内に対して処理を繰り返すには?	88
4-9	条件が成立している間、処理を繰り返すには?	90

■第5章　関数の利用 --- 93

5-1	メッセージボックスを表示するには?	94
5-2	現在の日付や時刻を表示するには?	96
5-3	特定の文字列を別の文字列に置換するには?	98
5-4	文字列から一部を取り出すには?	100
5-5	文字列を指定の種類に変換するには?	102
5-6	日付から年月日を取り出すには?	104
5-7	メッセージボックス内でタブや改行を入力するには?	106
5-8	入力可能なダイアログボックスを表示するには?	108
5-9	指定した表示形式を設定するには?	110
5-10	指定した値の種類を判断するには?	112
5-11	文字列を区切ったり結合したりするには?	114
5-12	条件式を満たすかどうかで異なる値を返すには?	116
5-13	ワークシート関数をプロシージャ内で利用するには?	118
5-14	ユーザー定義関数を作成・利用するには?	120

■第6章　イベントの利用 ------------------------------------123

6-1	シートがアクティブになったときに処理を行うには？　…	124
6-2	選択範囲を変更したときに処理を行うには？　…………	126
6-3	セルをダブルクリックしたときに処理を行うには？　……	128
6-4	ブックを開くとき・閉じる前に処理を行うには？　………	130
6-5	シートを作成したときに処理を行うには？　……………	132

■第7章　エラー処理・デバッグ ------------------------------133

7-1	コンパイルエラーを修正するには？　…………………	134
7-2	実行時エラーを修正するには？　………………………	136
7-3	実行時エラーが発生しても処理を継続するには？………	137
7-4	実行時エラーの発生時に別の処理を実行するには？　…	139

■第8章　ユーザーフォームの利用------------------------------141

8-1	ユーザーフォームを追加・表示するには？　……………	142
8-2	コマンドボタンを追加するには？　……………………	144
8-3	ラベルを追加するには？　………………………………	146
8-4	テキストボックスを追加するには？　…………………	148
8-5	オプションボタンを追加するには？　…………………	150
8-6	コンボボックスを追加するには？　……………………	152
8-7	チェックボックスを追加するには？　…………………	154
8-8	ユーザーフォームの入力値をセルに反映するには？　……	155

■第9章　ファイルシステムオブジェクトの利用 ------------------157

9-1	フォルダーを操作するには？　…………………………	158
9-2	ファイルを操作するには？　……………………………	160
9-3	テキストファイルを読み込むには？　…………………	162
9-4	テキストファイルに書き込むには？　…………………	164
9-5	CSVファイルを読み込むには？　………………………	166
9-6	CSVファイルに書き込むには？　………………………	169

標準解答は、FOM出版のホームページで提供しています。表紙裏の「Practice 標準解答のご提供について」を参照してください。

本書をご利用いただく前に

本書で学習を進める前に、ご一読ください。

1 本書の記述について

操作の説明のために使用している記号には、次のような意味があります。

記述	意味	例
☐	キーボード上のキーを示します。	Ctrl　Enter
☐ + ☐	複数のキーを押す操作を示します。	Ctrl + Enter （Ctrl を押しながら Enter を押す）
《　》	ダイアログボックス名やタブ名、項目名など画面の表示を示します。	《ツール》をクリックします。《開発》タブを選択します。
「　」	重要な語句や機能名、画面の表示、入力する文字などを示します。	「プロシージャ」といいます。「10」と入力します。

2021/365 Excel 2021／Microsoft 365のExcelの操作方法

2019/2016 Excel 2019／2016の操作方法

2 製品名の記載について

本書では、次の名称を使用しています。

正式名称	本書で使用している名称
Windows 11	Windows 11 または Windows
Microsoft Excel 2021	Excel 2021 または Excel
Microsoft Excel 2019	Excel 2019 または Excel
Microsoft Excel 2016	Excel 2016 または Excel
Microsoft 365 Apps	Microsoft 365

3 本書の見方について

本書は、マクロ・VBAの知識を確認しながら、LessonとPracticeの問題を繰り返し解くことで、スキルアップを図ることができる問題集です。解説を読んでからデータの異なる2つの問題を解くことで、理解度の確認、知識の定着に役立ちます。

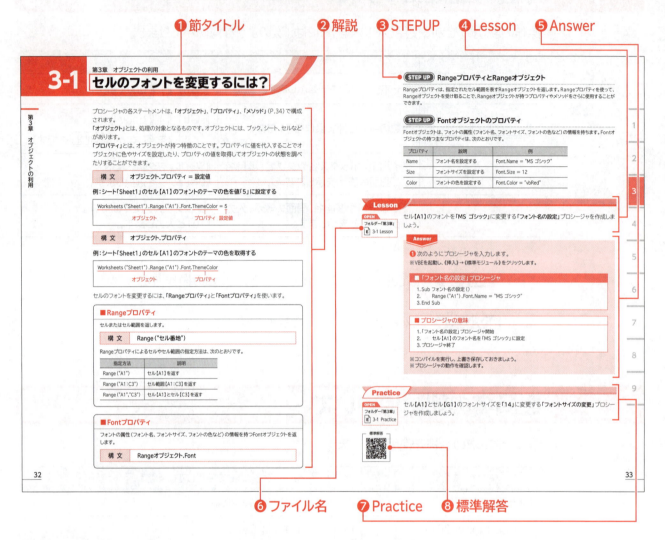

❶節タイトル
マクロ・VBAでやりたいことを節タイトルとしています。タイトルから自分のやりたいことを探すことができます。

❷解説
節タイトルに対する解説を記載しています。

❸STEPUP
知っていると便利な内容を記載しています。

❹Lesson
解説を読んだあとに、操作手順やプロシージャに記述する内容が身についているか確認するための例題です。

❺Answer
Lessonの解説です。Lessonを解いたあとに、操作手順や内容が適切であったかを確認します。

❻ファイル名
LessonやPracticeで利用するフォルダー名とファイル名を記載しています。

❼Practice
Lessonの類題です。反復練習を行うことで知識の定着を目的としています。

❽標準解答
標準解答を表示するQRコードを記載しています。標準解答は、FOM出版のホームページで提供しています。
※インターネットに接続できる環境が必要です。

4 学習環境について

本書を学習するには、次のソフトが必要です。
また、インターネットに接続できる環境で学習することを前提にしています。

> Excel 2021 または Excel 2019 または Excel 2016 または Microsoft 365のExcel

◆本書の開発環境

本書を開発した環境は、次のとおりです。

OS	Windows 11 Pro（バージョン23H2　ビルド22631.4169）
アプリ	Microsoft Office Professional 2021 Excel 2021（バージョン2408　ビルド16.0.17928.20114）
ディスプレイの解像度	1280×768ピクセル
その他	・WindowsにMicrosoftアカウントでサインインし、インターネットに接続した状態 ・OneDriveと同期していない状態

※本書は、2024年9月時点のExcel 2021またはExcel 2019またはExcel 2016またはMicrosoft 365のExcel
に基づいて解説しています。
今後のアップデートによって機能が更新された場合には、本書の記載のとおりに操作できなくなる可能性が
あります。

POINT　OneDriveの設定

WindowsにMicrosoftアカウントでサインインすると、同期が開始され、パソコンに保存したファイルが
OneDriveに自動的に保存されます。初期の設定では、デスクトップ、ドキュメント、ピクチャの3つのフォル
ダーがOneDriveと同期するように設定されています。
本書はOneDriveと同期していない状態で操作しています。
OneDriveと同期している場合は、一時的に同期を停止すると、本書の記載と同じ手順で学習できます。
OneDriveとの同期を一時停止および再開する方法は、次のとおりです。

一時停止
◆通知領域の ☁ (OneDrive) → ⚙ (ヘルプと設定) →《同期の一時停止》→停止する時間を選択
※時間が経過すると自動的に同期が開始されます。

再開
◆通知領域の ☁ (OneDrive) → ⚙ (ヘルプと設定) →《同期の再開》

POINT　ディスプレイの解像度の設定

ディスプレイの解像度を本書と同様に設定する方法は、次のとおりです。
◆デスクトップの空き領域を右クリック→《ディスプレイ設定》→《ディスプレイの解像度》の ∨ →《1280×
768》
※メッセージが表示される場合は、《変更の維持》をクリックします。

5 学習ファイルについて

本書で使用する学習ファイルは、FOM出版のホームページで提供しています。ダウンロードしてご利用ください。

ホームページアドレス

https://www.fom.fujitsu.com/goods/

※アドレスを入力するとき、間違いがないか確認してください。

ホームページ検索用キーワード

FOM出版

◆学習ファイルのダウンロード

学習ファイルをダウンロードする方法は、次のとおりです。

① ブラウザーを起動し、FOM出版のホームページを表示します。

※アドレスを直接入力するか、キーワードでホームページを検索します。

②《ダウンロード》をクリックします。

③《アプリケーション》の《Excel》をクリックします。

④《Excel マクロ／VBA 超実践トレーニング Office 2021／2019／2016／Microsoft 365対応 FPT2406》をクリックします。

⑤《学習ファイル》の《学習ファイルのダウンロード》をクリックします。

⑥ 本書に関する質問に回答します。

⑦ 学習ファイルの利用に関する説明を確認し、《OK》をクリックします。

⑧《学習ファイル》の「fpt2406.zip」をクリックします。

⑨ ダウンロードが完了したら、ブラウザーを終了します。

※ダウンロードしたファイルは、パソコン内のフォルダー「ダウンロード」に保存されます。

◆学習ファイルの解凍方法

ダウンロードしたファイルは圧縮されているので、解凍（展開）します。

ダウンロードしたファイル「fpt2406.zip」を《ドキュメント》に解凍する方法は、次のとおりです。

① デスクトップ画面を表示します。

② タスクバーの ■ （エクスプローラー）をクリックします。

③ 左側の一覧から《ダウンロード》をクリックします。

④ ファイル「fpt2406」を右クリックします。

⑤《すべて展開》をクリックします。

⑥《参照》をクリックします。

⑦ 左側の一覧から《ドキュメント》をクリックします。

⑧《フォルダーの選択》をクリックします。

⑨《ファイルを下のフォルダーに展開する》が「C:¥ユーザー¥（ユーザー名）¥Documents」に変更されます。

⑩《完了時に展開されたファイルを表示する》を ☑ にします。

⑪《展開》をクリックします。

⑫ファイルが解凍され、《ドキュメント》が開かれます。

⑬フォルダー「ExcelマクロVBA超実践トレーニング2021／2019／2016／365」が表示されていることを確認します。

※すべてのウィンドウを閉じておきましょう。

◆学習ファイルの一覧

フォルダー「ExcelマクロVBA超実践トレーニング2021／2019／2016／365」には、学習ファイルが入っています。タスクバーの■（エクスプローラー）→《ドキュメント》をクリックし、一覧からフォルダーを開いて確認してください。

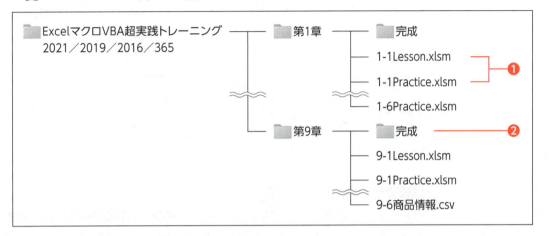

❶ファイル「Lesson」「Practice」

LessonやPracticeで使用するファイルです。章別のフォルダーごとに分類されて収納されています。

❷フォルダー「完成」

LessonやPracticeの完成ファイルが収録されています。自分で作成したファイルが問題の指示どおりに仕上がっているか確認する際に使います。

◆学習ファイルの場所

本書では、学習ファイルの場所を《ドキュメント》内のフォルダー「ExcelマクロVBA超実践トレーニング2021／2019／2016／365」としています。《ドキュメント》以外の場所に解凍した場合は、フォルダーを読み替えてください。

◆学習ファイル利用時の注意事項

|編集を有効にする|

ダウンロードした学習ファイルを開く際、そのファイルが安全かどうかを確認するメッセージが表示される場合があります。学習ファイルは安全なので、《編集を有効にする》をクリックして、編集可能な状態にしてください。

|自動保存をオフにする|

学習ファイルをOneDriveと同期されているフォルダーに保存すると、初期の設定では自動保存がオンになり、一定の時間ごとにファイルが自動的に上書き保存されます。自動保存によって、元のファイルを上書きしたくない場合は、自動保存をオフにしてください。

|信頼できる場所に設定する|

ダウンロードした学習ファイルを開く際、「このファイルのソースが信頼できない」というメッセージバーが表示され、マクロの実行がブロックされる場合があります。学習ファイルは安全なので、《ドキュメント》内のフォルダー「ExcelマクロVBA超実践トレーニング2021／2019／2016／365」を信頼できる場所に設定して、ブロックを解除してください。

|2021/365|

◆Excelを起動し、スタート画面を表示→《その他》→《オプション》→《トラストセンター》→《トラストセンターの設定》→《信頼できる場所》→《新しい場所の追加》→《参照》→《ドキュメント》のフォルダー「ExcelマクロVBA超実践トレーニング2021／2019／2016／365」を選択→《OK》→《☑この場所のサブフォルダーも信頼する》→《OK》→《OK》→《OK》

※お使いの環境によっては、《その他》が表示されていない場合があります。その場合は、《オプション》をクリックします。

|2019/2016|

◆Excelを起動し、《他のブックを開く》または《ファイル》タブ→《オプション》→《セキュリティセンター》→《セキュリティセンターの設定》→《信頼できる場所》→《新しい場所の追加》→《参照》→《ドキュメント》のフォルダー「ExcelマクロVBA超実践トレーニング2021／2019／2016／365」を選択→《OK》→《☑この場所のサブフォルダーも信頼する》→《OK》→《OK》→《OK》

6 本書の最新情報について

本書に関する最新のQ＆A情報や訂正情報、重要なお知らせなどについては、FOM出版のホームページでご確認ください。

ホームページアドレス

https://www.fom.fujitsu.com/goods/

※アドレスを入力するとき、間違いがないか確認してください。

ホームページ検索用キーワード

FOM出版

第1章

マクロの基本

1-1 定型作業をマクロに記録するには？

第1章 マクロの基本

マクロの記録を開始してから終了するまでのExcel上のすべての操作は、マクロに自動的に記録されます。マクロの記録は、Excel上の操作を記録して、再実行できるようにする機能です。マクロの記録は次のように行います。

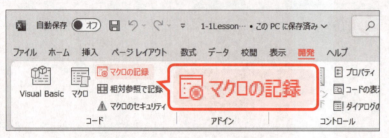

①《開発》タブを選択します。
②《コード》グループの [マクロの記録] （マクロの記録）をクリックします。

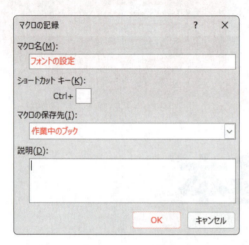

《マクロの記録》ダイアログボックスが表示されます。
③《マクロ名》に指定の名前を入力します。
④《マクロの保存先》に指定の場所を設定します。
⑤《OK》をクリックします。

マクロの記録が開始されます。
⑥Excel上で記録したい定型作業をマウスやキーボードで操作します。

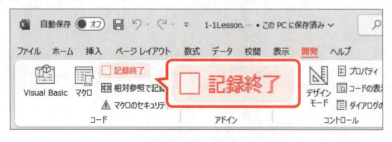

⑦《開発》タブ→《コード》グループの [記録終了]（記録終了）をクリックします。
マクロの記録が終了します。

STEP UP 《開発》タブの表示

マクロに関する操作を効率よく行うために、リボンに《開発》タブを表示しておきましょう。《開発》タブには、マクロの記録や実行、編集などに便利なボタンが用意されています。表示する方法は次のとおりです。

◆《ファイル》タブ→《その他》→《オプション》→左側の一覧から《リボンのユーザー設定》を選択→《リボンのユーザー設定》→一覧から《メインタブ》を選択→《☑開発》→《OK》

STEP UP　マクロ名の命名規則

マクロ名は、マクロを実行するときのキーワードになるので、わかりやすい名前を付けます。マクロ名を付けるときの注意点は次のとおりです。
- 先頭は文字列を使用する
- 2文字目以降は、文字列、数値、「_（アンダースコア）」が使用できる
- スペースは使用できない

Lesson

OPEN
フォルダー「第1章」
1-1 Lesson

文字列をセルの中央揃えにする操作を、マクロに記録しましょう。マクロ名は、「**文字列の中央揃え**」にし、セル範囲【B3：G3】を使って記録します。

Answer

❶ セル範囲【B3：G3】を選択します。

❷《開発》タブを選択します。

❸《コード》グループの [マクロの記録]（マクロの記録）をクリックします。

《マクロの記録》ダイアログボックスが表示されます。

❹《マクロ名》に「文字列の中央揃え」と入力します。

❺《マクロの保存先》が「作業中のブック」であることを確認します。

❻《OK》をクリックします。

マクロの記録が開始されます。
※これ以降の操作はすべて記録されます。不要な操作をしないように注意しましょう。
※マクロの記録が開始すると、[マクロの記録]（マクロの記録）が [記録終了]（記録終了）に変わります。

❼《ホーム》タブを選択します。

❽《配置》グループの [≡]（中央揃え）をクリックします。

セル範囲【B3：G3】の文字列がセルの中央に配置されます。

❾《開発》タブを選択します。

❿《コード》グループの [記録終了]（記録終了）をクリックします。

Practice

OPEN
フォルダー「第1章」
1-1 Practice

文字列を太字にする操作を、マクロに記録しましょう。マクロ名は、「**文字列の太字設定**」にし、セル【A1】を使って記録します。

標準解答

第1章　マクロの基本
1-2 記録したマクロを実行するには？

記録したマクロを実行するには、《マクロ》ダイアログボックスを表示し、指定のマクロを選択して、《実行》をクリックします。

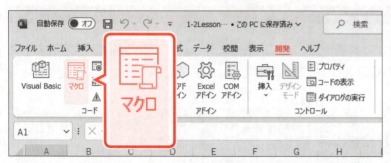

①《開発》タブを選択します。
②《コード》グループの (マクロの表示)をクリックします。

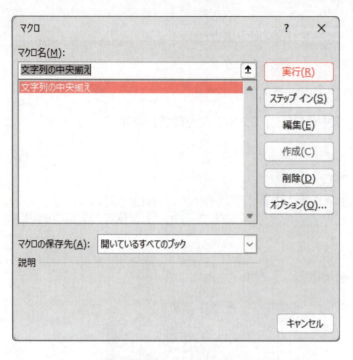

《マクロ》ダイアログボックスが表示されます。
③指定のマクロを選択します。
④《実行》をクリックします。
マクロが実行されます。

STEP UP　VBEからマクロの実行

VBEからマクロを実行することもできます。
記録したマクロは、VBEの「Module（モジュール）」内にコードとして記述されています（P.22）。VBEを起動し、実行するマクロを表示して、そのマクロ内にカーソルがある状態にして (Sub/ユーザーフォームの実行)をクリックすると、マクロを実行できます。

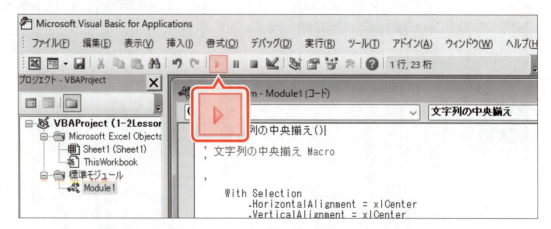

STEP UP マクロ名の変更

記録したマクロ名を変更する方法は、次のとおりです。

◆《開発》タブ→《コード》グループの (マクロの表示)→マクロ名を選択→《編集》→VBEが開くので、1行目に記述されたマクロ名を変更→ (上書き保存)

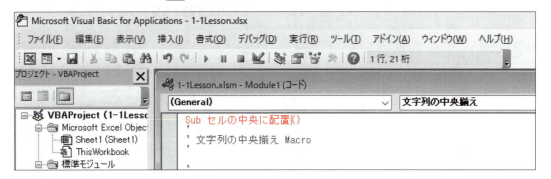

STEP UP マクロの削除

作成したマクロを削除する方法は、次のとおりです。

◆《開発》タブ→《コード》グループの (マクロの表示)→マクロ名を選択→《削除》

Lesson

OPEN フォルダー「第1章」 1-2 Lesson

セル範囲【A4:A7】を選択して、マクロ「**文字列の中央揃え**」を実行しましょう。

Answer

❶ セル範囲【A4:A7】を選択します。

❷《開発》タブを選択します。

❸《コード》グループの (マクロの表示)をクリックします。

《マクロ》ダイアログボックスが表示されます。

❹《マクロ名》の一覧から「文字列の中央揃え」を選択します。

❺《実行》をクリックします。

マクロが実行され、セル範囲【A4:A7】の文字列がセルの中央に配置されます。

Practice

OPEN フォルダー「第1章」 1-2 Practice

セル範囲【A3:D3】を選択して、マクロ「**文字列の太字設定**」を実行しましょう。

標準解答

1-3 マクロを有効化して開いたり保存したりするには？

記録したマクロを利用するには、「マクロ有効ブック」の形式（拡張子「.xlsm」）で保存します。

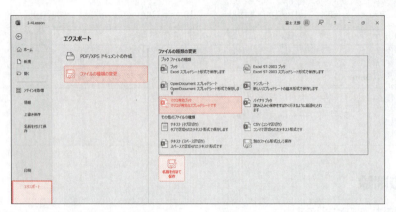

①《ファイル》タブを選択します。
②《エクスポート》をクリックします。
③《ファイルの種類の変更》をクリックします。
④右側の一覧から《マクロ有効ブック》を選択します。
⑤《名前を付けて保存》をクリックします。

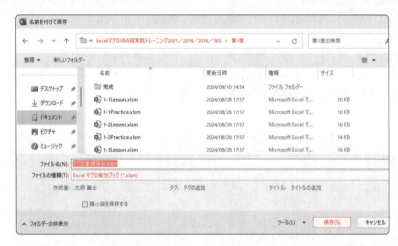

《名前を付けて保存》ダイアログボックスが表示されます。
⑥保存先のフォルダーを選択します。
⑦《ファイル名》に保存するファイル名を入力します。
⑧《ファイルの種類》が《Excelマクロ有効ブック》になっていることを確認します。
⑨《保存》をクリックします。

マクロを含むブックを開くと、マクロは無効になっています。ブックの発行元が信頼できる場合は、セキュリティの警告に関するメッセージが表示されるので、《コンテンツの有効化》をクリックしてマクロを有効にします。

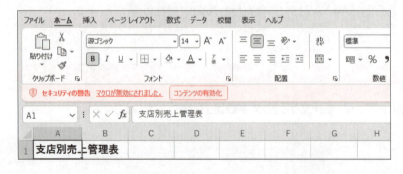

①マクロ有効ブックを開きます。
②メッセージバーに《セキュリティの警告》が表示されていることを確認します。
③《コンテンツの有効化》をクリックします。
マクロが有効になります。

STEP UP　セキュリティの警告

ウイルスを含むブックを開くと、パソコンがウイルスに感染し、システムが正常に動作しなくなったり、ブックが破壊されたりすることがあります。初期の設定では、マクロを含むブックを開くと、メッセージバーに《セキュリティの警告》が表示されます。インターネットからダウンロードしたブックなど、作成者の不明なブックはウイルスの危険性が否定できないため、《コンテンツの有効化》をクリックしない方がよいでしょう。
なお、VBEを開いている状態で、ほかのマクロ有効ブックを開くと、メッセージバーでの警告だけでなく、《Microsoft Excelのセキュリティに関する通知》のダイアログボックスも表示されます。《マクロを有効にする》をクリックしてマクロを有効にしましょう。

STEP UP　マクロ有効ブックのアイコン

マクロ有効ブックとして保存すると、アイコンが次のように変わります。拡張子を表示していなくても、アイコンの違いでマクロ有効ブックであることがわかります。

●Excelブック 　　●マクロ有効ブック

Lesson

OPEN フォルダー「第1章」　1-3 Lesson

ブック「1-3Lesson」を開き、マクロを有効化しましょう。また、「**マクロ有効ブック**」として、別のブック名で保存しましょう。ブック名は、「**マクロ登録済**」とし、保存先にはフォルダー「**第1章**」を指定します。

Answer

まずは、マクロを有効化します。

❶ ブック「1-3Lesson」を開きます。

❷ メッセージバーにセキュリティの警告が表示されていることを確認します。

❸《コンテンツの有効化》をクリックします。

マクロが有効になります。

続いて、マクロ有効ブックとして保存します。

❹《ファイル》タブを選択します。

❺《エクスポート》をクリックします。

❻《ファイルの種類の変更》をクリックします。

❼ 右側の一覧から《マクロ有効ブック》を選択します。

❽《名前を付けて保存》をクリックします。

《名前を付けて保存》ダイアログボックスが表示されます。

❾ フォルダー「第1章」を選択します。

❿《ファイル名》に「マクロ登録済」と入力します。

⓫《ファイルの種類》が《Excelマクロ有効ブック》になっていることを確認します。

⓬《保存》をクリックします。

ブックが保存されます。

Practice

OPEN フォルダー「第1章」　1-3 Practice

ブック「1-3Practice」を開き、マクロを有効化しましょう。また、「**マクロ有効ブック**」として、別のブック名で保存しましょう。ブック名は、「**マクロ登録練習**」とし、保存先にはフォルダー「**第1章**」を指定します。

標準解答

第1章 マクロの基本

1-4 マクロを指定のブックに保存するには？

記録したマクロは、「個人用マクロブック」「新しいブック」「作業中のブック」のいずれかのブックに保存されます。

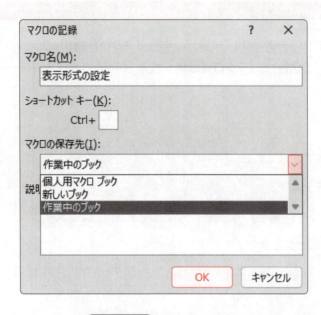

《マクロの記録》ダイアログボックスを表示します。

①《マクロの保存先》の ∨ をクリックすると、保存先の一覧が表示されます。

②指定の保存先を選択し、《OK》をクリックします。

指定した保存先にマクロが保存されます。

STEP UP 保存先のブックの種類

●個人用マクロブック
「個人用マクロブック」とは、Excelを起動すると自動的に開かれる特殊なブックです。マクロを個人用マクロブックに保存すると、Excelのすべてのブックからマクロを利用できます。どのブックでも利用される使用頻度の高いマクロを保存すると便利です。

●新しいブック
新規ブックを作成し、マクロを保存することができます。データが一切なく、マクロだけが記録された新規ブックが必要な場合に選択します。

●作業中のブック
現在使用しているブックに保存します。作成したマクロを作業中のブック内だけで使う場合に選択します。マクロを作成するときに保存先を《作業中のブック》にすると、ブック保存時にマクロも保存されます。

STEP UP 個人用マクロブックの保存

保存先に個人用マクロブックを指定し、マクロの記録が終了したあとにExcelを閉じると、個人用マクロブックが保存されます。
Excelの ✕ (閉じる)をクリックすると、マクロの保存に関するメッセージが保存されるので、《保存》をクリックしましょう。《保存》をクリックすると、「PERSONAL」というブック名で自動的に保存されます。

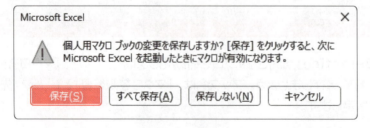

なお、Microsoft 365の場合、個人用マクロブックを保存すると、Excelを開く際に、《Microsoft Excelのセキュリティに関する通知》のダイアログボックスが表示されるようになります(P.12)。
ダイアログを非表示にしたい場合は、個人用マクロブックの保存場所(P.15のSTEPUP)を信頼できる場所に設定しておきましょう(P.6)。

STEP UP 個人用マクロブックの削除

個人用マクロブックが不要な場合は、フォルダー「C：¥ユーザー¥（ユーザー名）¥AppData¥Roaming ¥Microsoft¥Excel¥XLSTART」内の「PERSONAL.XLSB」を削除します。
※Excelが起動している間は削除できません。
※フォルダー「AppData」は隠しフォルダーになっています。隠しフォルダーを表示するには、タスクバーの 🖼 （エクスプローラー）→ ▤ 表示 ▾（レイアウトとビューのオプション）→《表示》→《☑隠しファイル》にします。

Lesson

OPEN

フォルダー「第1章」
E 1-4 Lesson

選択したセル範囲の表示形式を「**桁区切りスタイル**」に設定するマクロを記録し、「**個人用マクロブック**」に保存しましょう。マクロ名は「**桁区切りスタイルの設定**」とし、セル範囲【B4：G7】を使って記録します。

Answer

❶ セル範囲【B4：G7】を選択します。

❷《開発》タブを選択します。

❸《コード》グループの [🔲 マクロの記録]（マクロの記録）をクリックします。

《マクロ》ダイアログボックスが表示されます。

❹《マクロ名》に「桁区切りスタイルの設定」と入力します。

❺《マクロの保存先》の ✓ をクリックし、一覧から「個人用マクロブック」を選択します。

❻《OK》をクリックします。

マクロの記録が開始されます。

❼《ホーム》タブを選択します。

❽《数値》グループの [,]（桁区切りスタイル）をクリックします。

セル範囲【B4：G7】の数値の表示形式が桁区切りスタイルに設定されます。

❾《開発》タブを選択します。

❿《コード》グループの [□ 記録終了]（記録終了）をクリックします。

STEP UP 個人用マクロブック内のマクロの実行

個人用マクロブックは、Excelを起動すると自動的に読み込まれます。新規ブックを開き、《開発》タブ→《コード》グループの 🖼（マクロの表示）をクリックすると、《マクロ名》の一覧に「PERSONAL.XLSB!（マクロ名）」が表示されるので、選択して実行しましょう。

Practice

OPEN

フォルダー「第1章」
E 1-4 Practice

選択したセル範囲のフォントを「**メイリオ**」に設定するマクロを記録し、「**新しいブック**」に保存しましょう。マクロ名は、「**フォントの設定**」とし、シートの全セルを使って記録します。新しいブックの名前は「**マクロ登録用.xlsm**」、保存先にはフォルダー「**第1章**」を指定します。

標準解答

15

第1章 マクロの基本

1-5 マクロの不要な行を削除・コピーするには？

マクロを記録すると、設定していない項目の内容までマクロに記述されることがあります。「VBE（Visual Basic Editor）」を使うと、不要な行を削除できます。

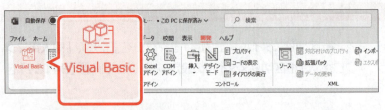

①《開発》タブを選択します。
②《コード》グループの 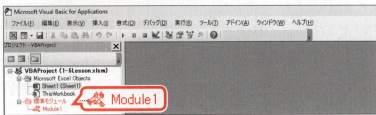（Visual Basic）をクリックします。

VBEが起動します。
③《標準モジュール》をダブルクリックします。
④「Module1」をダブルクリックします。

「Module1」が開かれ、記録したマクロのコードが表示されます。
⑤「'」で始まるコメントの行と不要な行を選択し、 Delete を押します。

また、コードウィンドウでは、マクロをコピーし、編集して別のマクロに変更できます。

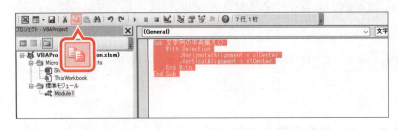

①コピーしたい行を選択します。
② （コピー）をクリックします。

③貼り付けたい場所へカーソルを移動します。
④ （貼り付け）をクリックします。

⑤貼り付けたコードのマクロ名を変更します。

STEP UP VBEの画面構成

VBEの各部の名称と役割は次のとおりです。

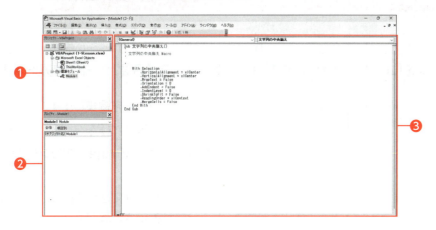

❶ プロジェクトエクスプローラー
ブックを構成する要素を階層的に管理する
❷ プロパティウィンドウ
プロジェクトエクスプローラーで選択した要素のプロパティ（特性）を設定・表示する
❸ コードウィンドウ
作成したマクロのコードが表示される

Lesson

OPEN
フォルダー「第1章」
E 1-5 Lesson

マクロ「**文字列の中央揃え**」から、中央揃えの設定以外の行とコメントを削除しましょう。

Answer

※VBEを起動し、《標準モジュール》→「Module1」を開いておきましょう。

❶ コードウィンドウにカーソルを移動し、次の行を選択し、削除します。

```
.WrapText = False
.Orientation = 0
.AddIndent = False
.IndentLevel = 0
.ShrinkToFit = False
.ReadingOrder = xlContext
.MergeCells = False
```

❷「'」で始まるコメントの行と空白行（2～6行目）を選択し、削除します。
※上書き保存しておきましょう。

Practice

OPEN
フォルダー「第1章」
E 1-5 Practice

マクロ「**フォントの設定**」から、フォント名とフォントサイズの設定以外の行を削除し、さらにコメントを削除しましょう。また、不要な行を削除したマクロをコピーし、マクロ名を「**フォントの設定2**」に変更しましょう。

標準解答

17

第1章 マクロの基本

1-6 マクロを編集しコンパイルを実行するには？

マクロを編集した場合は、コードの文法に間違いがないかどうかをチェックします。このチェックを「**コンパイル**」といいます。エラーが発生した場合は、コードを確認します。

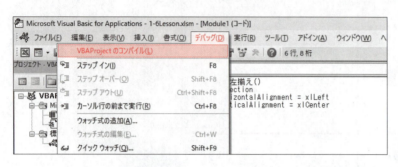

①コードを編集します。
②《デバッグ》をクリックします。
③《VBAProjectのコンパイル》をクリックします。
コードの文法に間違いがない場合は、何も表示されません。

STEP UP エラーが表示された場合

コンパイルを実行した結果、エラーが発生した場合は、エラー表示を確認するメッセージが表示されるので《OK》をクリックして、コード内の赤字または反転表示されたエラーのある箇所を修正します。

Lesson

OPEN フォルダー「第1章」 1-6 Lesson

マクロ名「**文字列の中央揃え**」を「**文字列の左揃え**」に変更し、文字列の水平方向の位置を「**xlCenter**」（中央揃え）から「**xlLeft**」（左揃え）に変更します。コードを変更後、コンパイルを実行しましょう。

Answer

※VBEを起動し、《標準モジュール》→「Module1」を開いておきましょう。

❶ マクロ名「**文字列の中央揃え**」を「**文字列の左揃え**」に変更します。

❷ マクロ「**文字列の左揃え**」のコードを次のように変更します。

```
.HorizontalAlignment = xlLeft
```

❸《デバッグ》をクリックします。

❹《VBAProjectのコンパイル》をクリックします。
※コードの文法に間違いがない場合は、何も表示されません。上書き保存しておきましょう。

Practice

OPEN フォルダー「第1章」 1-6 Practice

マクロ名「**フォントの設定2**」を「**明朝体に設定**」に変更し、フォント名を「**メイリオ**」から「**MS 明朝**」に変更します。コードを変更後、コンパイルを実行しましょう。

標準解答

第2章

モジュールと
プロシージャの基本

2-1 モジュールを作成するには？

第2章　モジュールとプロシージャの基本

「モジュール」とは、プログラムを記述するためのシートです。モジュールを作成するには、「標準モジュール」を追加します。

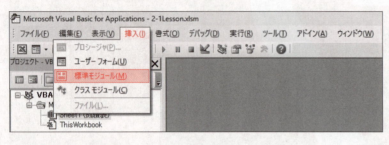

①《挿入》をクリックします。
②《標準モジュール》をクリックします。

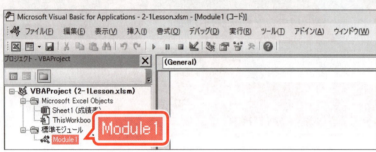

モジュール「Module1」が挿入されます。

モジュールの名前は、既定で「Module1」、「Module2」…と名前が付けられますが、あとからわかりやすい名前に変更できます。

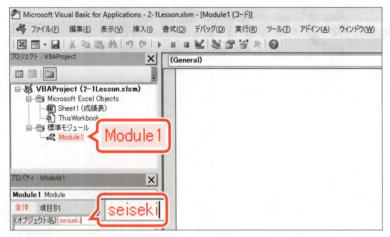

①プロジェクトエクスプローラーのモジュール「Module1」を選択します。
②プロパティウィンドウの《全体》タブを選択します。
③《オブジェクト名》に変更したいモジュール名を入力します。
④ Enter を押します。

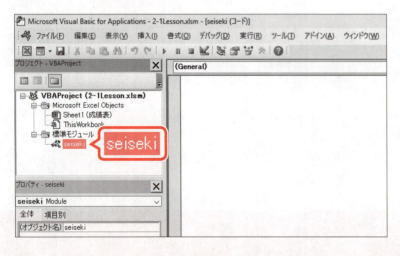

プロジェクトエクスプローラーのモジュール名が変更されます。

STEP UP モジュールの削除

不要になったモジュールは削除することができます。

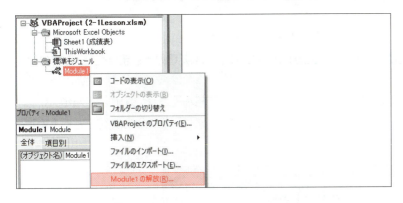

①プロジェクトエクスプローラーのモジュールを右クリックします。
②《(モジュール名)の解放》をクリックします。

削除を確認するメッセージが表示されます。
③《いいえ》をクリックします。

※一度削除したモジュールはもとに戻せません。削除する場合はよく確認しましょう。
※《はい》をクリックすると、モジュールを別ファイルとしてエクスポート（P.28）したあとに削除されます。

Lesson

OPEN
フォルダー「第2章」
2-1 Lesson

モジュールを作成し、モジュール名を「seiseki」に変更しましょう。

Answer

※VBEを起動しておきましょう。

❶《挿入》をクリックします。

❷《標準モジュール》をクリックします。

❸プロジェクトエクスプローラーのモジュール「Module1」を選択します。

❹プロパティウィンドウの《全体》タブを選択します。

❺《(オブジェクト名)》に「seiseki」と入力します。

❻ Enter を押します。

プロジェクトエクスプローラーのモジュール名が変更されます。

Practice

OPEN
フォルダー「第2章」
2-1 Practice

作成済みのモジュール「keisan」を削除しましょう。また、新たにモジュールを作成し、モジュール名を「uriage」に変更しましょう。

標準解答

2-2 プロシージャを作成するには？

第2章 モジュールとプロシージャの基本

モジュールに記述するプログラムのことを「**プロシージャ**」といいます。プロシージャは、プログラムとして実行できる最小単位で、「**Sub**」から「**End Sub**」までのまとまりを「**Subプロシージャ**」といいます。

また、モジュールには複数のプロシージャを記述でき、プロシージャとプロシージャの間には区切り線が表示されます。そして、プロシージャに記述された各行の命令文のことを「**ステートメント**」といいます。

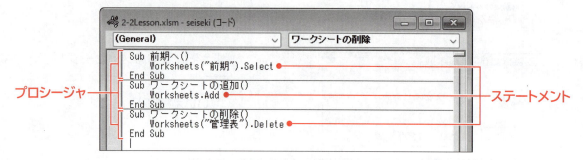

プロシージャは、次の手順で作成できます。

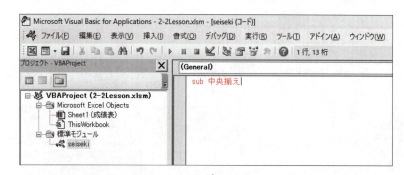

①コードウィンドウにカーソルを移動し、「**sub（プロシージャ名）**」と入力します。
※subの後に半角スペースを入力します。
②**Enter**を押します。

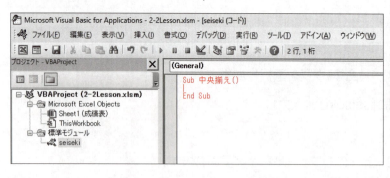

「**Sub（プロシージャ名）**」の後ろに「**( )**」、2行下に「**End Sub**」が自動的に入力され、プロシージャが作成されます。

なお、プロシージャは、内容ごとに自動的に色分けされ、見やすく表示されます。「**Sub**」や「**End Sub**」などは、VBAの仕様で定められている「**予約語**」といい、ほかの目的で使うことができない単語です。予約語は青色の文字で表示され、コメントは緑色の文字で表示されます。

STEP UP コードウィンドウからプロシージャの実行

コードウィンドウから、記述されているプロシージャを実行することができます。プロシージャ内にカーソルがある状態で**F5**を押すと、そのプロシージャが実行されます。
《マクロ》ダイアログボックスからマクロを選択する方法よりも、手軽にプロシージャを実行できます。

STEP UP プロシージャの削除

プロシージャを削除するときは、通常の文字列を削除するように、コードウィンドウ内でプロシージャを選択して、削除します。

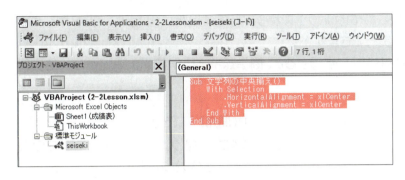

① 「Sub」から「End Sub」までを選択します。
② **Delete** を押します。

Lesson

OPEN
フォルダー「第2章」
E 2-2 Lesson

モジュール「seiseki」に、プロシージャ「**合計値範囲の選択**」を作成しましょう。「Sub」から「End Sub」の間には、「Range("E4:E13").Select」と入力します。

Answer

※VBEを起動し、《標準モジュール》→「seiseki」を開いておきましょう。

❶ コードウィンドウにカーソルを移動し、「sub 合計値範囲の選択」と入力します。

❷ **Enter** を押します。

「End Sub」が自動的に入力され、プロシージャが作成されます。

❸ **Tab** を押して字下げします。

❹ 次のように入力します。

```
Range("E4:E13").Select
```

※コンパイルを実行し、上書き保存しておきましょう。

STEP UP コードの入力

コードを入力するときは、アルファベットの大文字と小文字を意識せずに入力できます。スペルが正しければ、別の行へカーソルが移動したときに、大文字と小文字が自動的に正しく変換されます。大文字と小文字の自動変換が行われない場合は、スペルが間違っている可能性があります。
また、入力したスペルは間違っていないのに構文エラーになってしまう場合は、コードとコードの間にスペースが入っていなかったり、「.(ピリオド)」を入力すべきところに「,(カンマ)」を入力していたりする可能性があります。

Practice

OPEN
フォルダー「第2章」
E 2-2 Practice

モジュール「uriage」に、プロシージャ「**合計売上額の削除**」を作成しましょう。「Sub」から「End Sub」の間には、「Range("D14").ClearContents」と入力します。

標準解答

2-3 プロシージャをショートカットキーに登録するには？

第2章　モジュールとプロシージャの基本

プロシージャは《マクロ》ダイアログボックスから実行する以外に、ショートカットキーやボタン、図形などに登録して実行できます。
プロシージャをショートカットキーに登録すると、簡単なキー操作だけでプロシージャを実行できます。

①《開発》タブを選択します。
②《コード》グループの (マクロの表示)をクリックします。
《マクロ》ダイアログボックスが表示されます。
③《マクロ名》の一覧から、ショートカットキーを登録したいマクロを選択します。
④《オプション》をクリックします。

《マクロオプション》ダイアログボックスが表示されます。
⑤《ショートカットキー》に任意のアルファベット1文字を入力します。
⑥《OK》をクリックします。

《マクロ》ダイアログボックスに戻ります。
⑦《キャンセル》をクリックします。
※《実行》をクリックするとプロシージャが実行されるので注意しましょう。

登録が終わったら、登録したショートカットキーを押してプロシージャが実行されることを確認します。

STEP UP　ショートカットキーの入力

登録するショートカットキーは、大文字と小文字が区別されます。小文字を登録した場合は、[Ctrl]との組み合わせで使います。大文字を登録した場合は、[Ctrl]+[Shift]との組み合わせで使います。

STEP UP 既存のショートカットキーへの登録

プロシージャのショートカットキーとして、Excelですでに設定されているショートカットキーと同じキーを登録した場合、プロシージャの方が優先して実行されます。
例えば、Ctrl+Aはシートの全セルを選択するショートカットキーですが、これをプロシージャのショートカットキーとして登録すると、全セルの選択ではなくプロシージャが実行されます。そのため、Excelですでに設定されているショートカットキーとの重複を避けたい場合は、ショートカットキーを登録する際に、Shiftを押しながら登録したいキーを入力すると、Ctrl+Shift+登録したいキーで実行できるようになります。なお、登録したいキーは必ず大文字で登録されます。

Lesson

OPEN フォルダー「第2章」 2-3 Lesson

ショートカットキー Ctrl + E に、「**文字列の中央揃え**」プロシージャを登録しましょう。

Answer

❶《開発》タブを選択します。

❷《コード》グループの (マクロの表示) をクリックします。

《マクロ》ダイアログボックスが表示されます。

❸《マクロ名》の一覧から、「**文字列の中央揃え**」を選択します。

❹《オプション》をクリックします。

《マクロオプション》ダイアログボックスが表示されます。

❺《ショートカットキー》に「e」と入力します。

❻《OK》をクリックします。

《マクロ》ダイアログボックスに戻ります。

❼《キャンセル》をクリックします。

※《実行》をクリックすると、プロシージャが実行されるので注意しましょう。
※設定したショートカットキーからプロシージャが実行されるか確認しておきましょう。例えばセル範囲【A3:E3】を選択した状態でショートカットキーを実行すると、この範囲の文字列が中央揃えになります。

Practice

OPEN フォルダー「第2章」 2-3 Practice

ショートカットキー Ctrl + F に、「**フォントの設定**」プロシージャを登録しましょう。

標準解答

第2章 モジュールとプロシージャの基本

2-4 プロシージャをボタンや図形に登録するには？

ボタンにプロシージャを登録すると、ボタンをクリックするだけで簡単にプロシージャを実行できます。

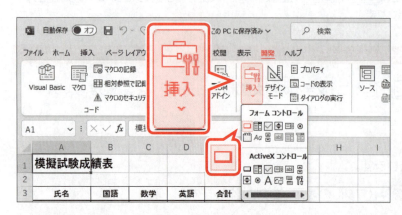

①《開発》タブを選択します。
②《コントロール》グループの(コントロールの挿入)をクリックします。
③《フォームコントロール》の□(ボタン(フォームコントロール))をクリックします。

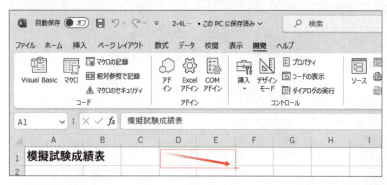

マウスポインターの形が+に変わります。
④図のようにドラッグします。

《マクロの登録》ダイアログボックスが表示されます。
⑤《マクロ名》の一覧から、ボタンに登録するプロシージャを選択します。
⑥《OK》をクリックします。

ボタンの表示名を変更します。
⑦ボタンが選択されていることを確認します。
⑧プロシージャの処理に合う名前を入力します。
※文字列を入力した後に Enter を押すと改行されるので注意しましょう。
※任意のセルをクリックして、ボタンの選択を解除しておきましょう。

プロシージャの登録が終わったら、ボタンをクリックして、プロシージャが実行されることを確認します。

STEP UP 図形へのプロシージャの登録

図形にプロシージャを登録することもできます。

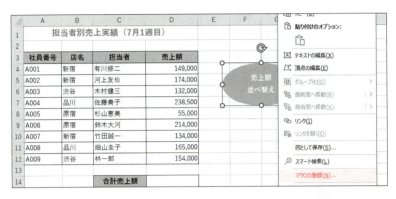

①図形を右クリックし、《マクロの登録》を選択します。

《マクロの登録》ダイアログボックスが表示されます。

②《マクロ名》の一覧から、図形に登録するプロシージャを選択します。

Lesson

OPEN
フォルダー「第2章」
2-4 Lesson

ボタンを作成し、「**合計値計算**」プロシージャを登録しましょう。ボタンの表示名は「**合計値の計算**」とします。

Answer

❶《開発》タブを選択します。

❷《コントロール》グループの（コントロールの挿入）をクリックします。

❸《フォームコントロール》の（ボタン（フォームコントロール））をクリックします。

マウスポインターの形が＋に変わります。

❹任意の場所でドラッグします。

《マクロの登録》ダイアログボックスが表示されます。

❺《マクロ名》の一覧から「合計値計算」を選択します。

❻《OK》をクリックします。

❼ボタンが選択されていることを確認します。

❽「合計値の計算」と入力します。

※文字列を入力した後に Enter を押すと改行されるので注意しましょう。
※任意のセルをクリックして、ボタンの選択を解除しておきましょう。
※ボタンをクリックして、プロシージャが実行されることを確認しておきましょう。

Practice

OPEN
フォルダー「第2章」
2-4 Practice

ボタンを作成し、「**合計売上額計算**」プロシージャを登録しましょう。ボタンの表示名は「**合計売上額の計算**」とします。
また、「**売上額並べ替え**」の図形に、「**売上額並べ替え**」プロシージャを登録しましょう。

標準解答

第2章 モジュールとプロシージャの基本

2-5 モジュールをインポート・エクスポートするには？

モジュールは、独立したファイルとして保存し、別のブックでも使用することができます。
モジュールを独立したファイルとして保存することを「**エクスポート**」といい、その逆にモジュールを取り込むことを「**インポート**」といいます。
エクスポートされたモジュールをブック内にインポートする方法は、次のとおりです。

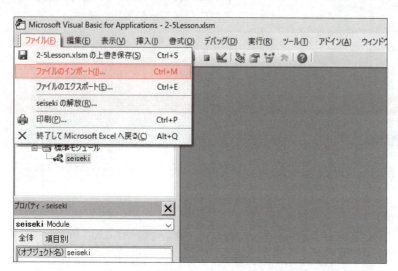

①《**ファイル**》をクリックします。
②《**ファイルのインポート**》をクリックします。

《**ファイルのインポート**》ダイアログボックスが表示されます。
③インポートするファイルを選択します。
④《**開く**》をクリックします。

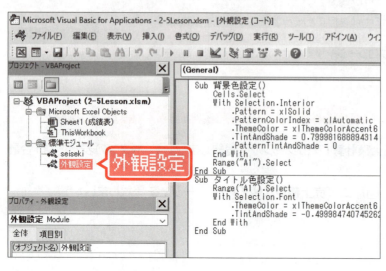

プロジェクトエクスプローラーの《**標準モジュール**》に、指定したモジュールが追加されます。
⑤モジュール名をダブルクリックします。
コードウィンドウが表示されます。

どのブックでも使われる共通的な処理を、1つのモジュールにまとめてエクスポートすると便利です。エクスポートする方法は、次のとおりです。

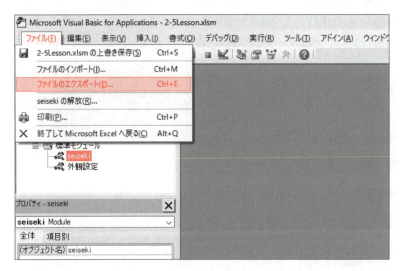

①プロジェクトエクスプローラーから、エクスポートするモジュールを選択します。
②《ファイル》をクリックします。
③《ファイルのエクスポート》をクリックします。

《ファイルのエクスポート》ダイアログボックスが表示されます。
④保存する場所を選択し、ファイル名を入力します。
⑤《保存》をクリックします。

STEP UP　エクスポートされたファイルの拡張子

エクスポートされたファイルの拡張子は「.bas」になります。テキスト形式のファイルなので、メモ帳などで開くことができます。

STEP UP　モジュールの削除とエクスポート

モジュールを削除するとき、削除の前に次のような確認メッセージが表示されます。削除したモジュールは復元できないため、あとで参照する可能性がある場合は、メッセージで《はい》をクリックし、エクスポートしておくとよいでしょう。

Lesson

OPEN フォルダー「第2章」 2-5 Lesson

モジュール「**外観設定**」をインポートしましょう。ファイルはフォルダー「**第2章**」から選択します。また、作成済みのモジュール「**seiseki**」をエクスポートしましょう。エクスポートの際のファイル名は「**試験成績表計算.bas**」とし、フォルダー「**第2章**」に保存しましょう。

Answer

※VBEを起動しておきましょう。

まずは、モジュールのインポートから行います。

❶《ファイル》タブをクリックします。

❷《ファイルのインポート》をクリックします。

《ファイルのインポート》ダイアログボックスが表示されます。

❸フォルダー「第2章」から「外観設定.bas」を選択します。

❹《開く》をクリックします。

プロジェクトエクスプローラーの《標準モジュール》に、モジュール「外観設定」が追加されます。

❺モジュール「外観設定」をダブルクリックします。

コードウィンドウが表示されます。

これ以降の手順で、モジュールのエクスポートを行います。

❻プロジェクトエクスプローラーから「seiseki」を選択します。

❼《ファイル》タブをクリックします。

❽《ファイルのエクスポート》をクリックします。

《ファイルのエクスポート》ダイアログボックスが表示されます。

❾フォルダー「第2章」を選択し、ファイル名に「試験成績表計算」と入力します。

❿《保存》をクリックします。

Practice

OPEN フォルダー「第2章」 2-5 Practice

モジュール「**ソート**」をインポートしましょう。ファイルはフォルダー「**第2章**」から選択します。また、作成済みのモジュール「**uriage**」をエクスポートしましょう。エクスポートの際のファイル名は「**売上額.bas**」とし、フォルダー「**第2章**」に保存しましょう。

標準解答

第3章

オブジェクトの利用

3-1 セルのフォントを変更するには？

第3章　オブジェクトの利用

プロシージャの各ステートメントは、「**オブジェクト**」、「**プロパティ**」、「**メソッド**」（P.34）で構成されます。

「**オブジェクト**」とは、処理の対象となるものです。オブジェクトには、ブック、シート、セルなどがあります。

「**プロパティ**」とは、オブジェクトが持つ特徴のことです。プロパティに値を代入することでオブジェクトに色やサイズを設定したり、プロパティの値を取得してオブジェクトの状態を調べたりすることができます。

構 文	オブジェクト.プロパティ = 設定値

例：シート「Sheet1」のセル【A1】のフォントのテーマの色を値「5」に設定する

```
Worksheets ("Sheet1").Range ("A1").Font.ThemeColor = 5
```
オブジェクト　　　　　　　　プロパティ　設定値

構 文	オブジェクト.プロパティ

例：シート「Sheet1」のセル【A1】のフォントのテーマの色を取得する

```
Worksheets ("Sheet1").Range ("A1").Font.ThemeColor
```
オブジェクト　　　　　　　　プロパティ

セルのフォントを変更するには、「**Rangeプロパティ**」と「**Fontプロパティ**」を使います。

■Rangeプロパティ

セルまたはセル範囲を返します。

構 文	Range ("セル番地")

Rangeプロパティによるセルやセル範囲の指定方法は、次のとおりです。

指定方法	説明
Range ("A1")	セル【A1】を返す
Range ("A1:C3")	セル範囲【A1:C3】を返す
Range ("A1","C3")	セル【A1】とセル【C3】を返す

■Fontプロパティ

フォントの属性（フォント名、フォントサイズ、フォントの色など）の情報を持つFontオブジェクトを返します。

構 文	Rangeオブジェクト.Font

STEP UP RangeプロパティとRangeオブジェクト

Rangeプロパティは、指定されたセル範囲を表すRangeオブジェクトを返します。Rangeプロパティを使って、Rangeオブジェクトを受け取ることで、Rangeオブジェクトが持つプロパティやメソッドをさらに使用することができます。

STEP UP Fontオブジェクトのプロパティ

Fontオブジェクトは、フォントの属性（フォント名、フォントサイズ、フォントの色など）の情報を持ちます。Fontオブジェクトの持つ主なプロパティは、次のとおりです。

プロパティ	説明	例
Name	フォント名を設定する	Font.Name = "MS ゴシック"
Size	フォントサイズを設定する	Font.Size = 12
Color	フォントの色を設定する	Font.Color = "vbRed"

Lesson

OPEN フォルダー「第3章」 3-1 Lesson

セル【A1】のフォントを「MS ゴシック」に変更する「フォント名の設定」プロシージャを作成しましょう。

Answer

❶ 次のようにプロシージャを入力します。
※VBEを起動し、《挿入》→《標準モジュール》をクリックします。

■「フォント名の設定」プロシージャ

```
1. Sub フォント名の設定()
2.     Range("A1").Font.Name = "MS ゴシック"
3. End Sub
```

■ プロシージャの意味

1. 「フォント名の設定」プロシージャ開始
2. 　セル【A1】のフォント名を「MS ゴシック」に設定
3. プロシージャ終了

※コンパイルを実行し、上書き保存しておきましょう。
※プロシージャの動作を確認します。

Practice

OPEN フォルダー「第3章」 3-1 Practice

セル【A1】とセル【G1】のフォントサイズを「14」に変更する「フォントサイズの変更」プロシージャを作成しましょう。

標準解答

第3章 オブジェクトの利用

3-2 セルまたはセル範囲を選択するには？

オブジェクトを直接操作できる命令のことを、「**メソッド**」といいます。メソッドは対象となるオブジェクトのあとに、「**.（ピリオド）**」で区切って入力します。

構 文	オブジェクト.メソッド

例：シート「Sheet1」を削除する

Worksheets ("Sheet1") .Delete
　　　オブジェクト　　　メソッド

メソッドによっては、いくつかの情報を指定できるものがあります。この情報のことを「**引数**」といいます。引数の設定値は、順番通りに入力し、間を「**,（カンマ）**」で区切ります。引数を省略するときは、引数を入力せずに、「**,**」で区切ります。

構 文	オブジェクト.メソッド 引数Aの設定値, 引数Bの設定値, ・・・

例：引数A、B、C、D、Eのあるメソッドで引数Aに「10」、引数Bに「20」を設定する

オブジェクト.メソッド 10 , 20

※引数C、D、Eを省略するときは、「,」を入力する必要はありません。

例：引数A、B、C、D、Eのあるメソッドで引数Aに「10」、引数Dに「40」を設定する

オブジェクト.メソッド 10 , , , 40

※引数B、Cを省略するときは、引数を入力せずに「,」で区切ります。引数Eを省略するときは、「,」を入力する必要はありません。

セルまたはセル範囲を選択するには、「**Selectメソッド**」を使います。

■ Selectメソッド

オブジェクトを選択します。

構 文	オブジェクト.Select

STEP UP　名前付き引数

「名前付き引数」とは、引数名のあとに「:=設定値」を入力して引数を指定することです。複数の名前付き引数を指定する場合は間を「,」で区切ります。

構 文	オブジェクト.メソッド A:= 設定値, B:= 設定値, ・・・

例：引数A、B、C、D、Eのあるメソッドで引数Bに「20」、引数Dに「50」を設定する

オブジェクト.メソッド B:=20 , D:=50

※順不同に入力してもかまいません。

STEP UP 自動メンバー表示

コードウィンドウでは、オブジェクト名を入力すると、自動的に選択可能なメソッドやプロパティをドロップダウンリストに表示し、選択するだけで入力できる機能があります。これを「自動メンバー表示」といいます。リストから入力するには、入力したい項目をクリックまたは[↓]で選択し、[Tab]を押します。

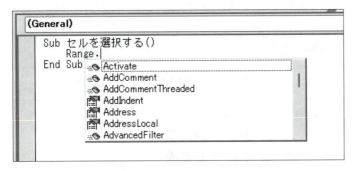

Lesson

OPEN
フォルダー「第3章」
3-2 Lesson

セル範囲【A3:I3】を選択する「**タイトル行の選択**」プロシージャを作成しましょう。

Answer

① 次のようにプロシージャを入力します。
※VBEを起動し、《挿入》→《標準モジュール》をクリックします。

■「タイトル行の選択」プロシージャ

1. Sub タイトル行の選択 ()
2. 　　Range ("A3:I3").Select
3. End Sub

■ プロシージャの意味

1.「タイトル行の選択」プロシージャ開始
2. 　　セル範囲【A3:I3】を選択
3. プロシージャ終了

※コンパイルを実行し、上書き保存しておきましょう。
※プロシージャの動作を確認します。

Practice

OPEN
フォルダー「第3章」
 3-2 Practice

セル範囲【A4:D18】を選択する「**表データの選択**」プロシージャを作成しましょう。

標準解答

3-3 複数のプロパティを同時に設定するには？

第3章 オブジェクトの利用

複数のプロパティを同時に設定するには、「Withステートメント」を使います。

■ Withステートメント

指定したオブジェクトに対して、複数の異なるプロパティを設定します。

| 構 文 | With オブジェクト名
　　.プロパティ ＝ 設定値
　　.プロパティ ＝ 設定値
　　　　　：
End With |

例：セル【A1】のフォント名を「MS ゴシック」、フォントサイズを「20」、フォントのテーマの色を「テキスト2（値：4）」に設定する

```
With Range ("A1").Font
      .Name = "MS ゴシック"
      .Size = 20
      .ThemeColor = 4
End With
```

※Withステートメントを使わずに複数のプロパティを設定する場合は、1行ごとに同じオブジェクトに対してプロパティを指定する必要があります。

STEP UP テーマの色の設定

ThemeColorでは、オブジェクトの色をテーマの色で設定します。ブックに適用されているテーマに合わせて色が自動的に変更されます。設定できるテーマの色の組み込み定数または値は、次のとおりです。

※組み込み定数はExcelであらかじめ定義されている値です。

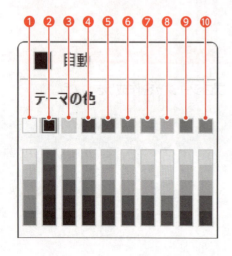

	組み込み定数	値	テーマの色
❶	xlThemeColorDark1	1	背景1
❷	xlThemeColorLight1	2	テキスト1
❸	xlThemeColorDark2	3	背景2
❹	xlThemeColorLight2	4	テキスト2
❺	xlThemeColorAccent1	5	アクセント1
❻	xlThemeColorAccent2	6	アクセント2
❼	xlThemeColorAccent3	7	アクセント3
❽	xlThemeColorAccent4	8	アクセント4
❾	xlThemeColorAccent5	9	アクセント5
❿	xlThemeColorAccent6	10	アクセント6

Lesson

OPEN フォルダー「第3章」 3-3 Lesson

セル範囲【A3:I3】のフォント名を「**メイリオ**」、フォントサイズを「**12**」、フォントのテーマの色を「**テキスト2（値：4）**」にする「**タイトル行のフォント設定**」プロシージャを作成しましょう。

Answer

❶ 次のようにプロシージャを入力します。
※VBEを起動し、《挿入》→《標準モジュール》をクリックします。

■「タイトル行のフォント設定」プロシージャ

```
1. Sub タイトル行のフォント設定 ()
2.      With Range ("A3:I3").Font
3.          .Name = "メイリオ"
4.          .Size = 12
5.          .ThemeColor = 4
6.      End With
7. End Sub
```

■ プロシージャの意味

1. 「タイトル行のフォント設定」プロシージャ開始
2. 　　セル範囲【A3:I3】のフォントを次のように設定
3. 　　　　フォント名は「メイリオ」
4. 　　　　フォントサイズは「12」
5. 　　　　フォントのテーマの色は「テキスト2」
6. 　　フォントの設定を終了
7. プロシージャ終了

※コンパイルを実行し、上書き保存しておきましょう。
※プロシージャの動作を確認します。

Practice

OPEN フォルダー「第3章」 3-3 Practice

標準解答

セル【A1】とセル【G1】のフォント名を「**MS ゴシック**」、フォントサイズを「**14**」、フォントのテーマの色を「**アクセント1（値：5）**」にする「**表タイトルのフォント設定**」プロシージャを作成しましょう。

第3章　オブジェクトの利用

3-4 選択しているセル範囲に罫線を引くには？

現在選択しているセル範囲の周囲に罫線を引くには、「Selectionプロパティ」と「BorderAroundメソッド」を使います。

■ Selectionプロパティ

アクティブウィンドウで現在選択されているオブジェクトを返します。

構　文	Applicationオブジェクト. Selection

※Applicationオブジェクトを指定しない場合は、作業中のブックの現在選択されているオブジェクトを返します。

■ BorderAroundメソッド

セルまたはセル範囲の周囲に罫線を引きます。
オブジェクトには、セルまたはセル範囲を設定する必要があります。

構　文	オブジェクト. BorderAround LineStyle, Weight, ColorIndex, Color, ThemeColor

引数	内容	省略
LineStyle	罫線の種類を設定する	省略できる
Weight	罫線の太さを設定する	省略できる
ColorIndex	罫線の色をインデックス番号で設定する	省略できる
Color	罫線の色をRGB値で設定する	省略できる
ThemeColor	罫線の色をテーマの色の組み込み定数または値で設定する	省略できる

※引数LineStyleと引数Weightの両方を同時に設定すると、種類と太さの組み合わせによって、一方が無効になる場合があります。両方の引数を省略した場合は、既定の太さの一重線で囲まれます。
※罫線の色は、引数ColorIndexまたは引数Colorまたは引数ThemeColorのいずれかを設定します。
※すべての引数を省略することはできません。

STEP UP　LineStyleの設定

LineStyleで設定できる罫線の種類は、組み込み定数を使って設定します。

組み込み定数	罫線の種類	
xlLineStyleNone	線なし	
xlContinuous	一重線（実線）	
xlDouble	二重線	
xlDash	破線	
xlDashDot	一点鎖線	
xlDashDotDot	二点鎖線	
xlDot	点線	

STEP UP　Colorの設定

色をRGB値または組み込み定数で設定します。RGB値は「RGB関数」を使って求めることができます。設定できる主なRGB値と組み込み定数は、次のとおりです。

RGB値	組み込み定数	色
RGB(0,0,0)	vbBlack	黒
RGB(255,0,0)	vbRed	赤
RGB(0,255,0)	vbGreen	緑
RGB(255,255,0)	vbYellow	黄

RGB値	組み込み定数	色
RGB(0,0,255)	vbBlue	青
RGB(255,0,255)	vbMagenta	マゼンタ（ピンク）
RGB(0,255,255)	vbCyan	シアン（水色）
RGB(255,255,255)	vbWhite	白

Lesson

OPEN　フォルダー「第3章」　3-4 Lesson

選択しているセル範囲の周囲に、「赤」の「一重線」を引く「選択範囲に赤罫線を引く」プロシージャを作成しましょう。動作は、セル範囲【A9:I9】を選択した状態で確認しましょう。

Answer

❶ 次のようにプロシージャを入力します。
※VBEを起動し、《挿入》→《標準モジュール》をクリックします。

■「選択範囲に赤罫線を引く」プロシージャ

1. Sub 選択範囲に赤罫線を引く()
2. 　　Selection.BorderAround xlContinuous, , , vbRed
3. End Sub

■ プロシージャの意味

1. 「選択範囲に赤罫線を引く」プロシージャ開始
2. 　　現在選択しているセル範囲の周囲に赤色の一重線を引く
3. プロシージャ終了

※コンパイルを実行し、上書き保存しておきましょう。
※プロシージャの動作を確認します。

Practice

OPEN　フォルダー「第3章」　3-4 Practice

選択しているセル範囲の周囲に、「青」の「二重線」を引く「選択範囲に二重罫線を引く」プロシージャを作成しましょう。動作は、セル範囲【G3:J6】を選択した状態で確認しましょう。

標準解答

3-5 表のひとつ下のセルを選択するには？

表のひとつ下のセルを選択するには、「Endプロパティ」と「Offsetプロパティ」を使います。
Endプロパティは、データの終端のセルを処理対象にできます。
Offsetプロパティは、相対的なセルの位置を設定できます。

■Endプロパティ

終端のセルを返します。Ctrlを押しながら↑↓→←を押す操作に相当します。
方向は、組み込み定数を使って設定します。

構文	オブジェクト.End（方向）

組み込み定数	方向	組み込み定数	方向
xlUp	上端	xlToRight	右端
xlDown	下端	xlToLeft	左端

例：セル【B5】から入力されているデータの右端のセルを返す

```
Range ("B5") .End (xlToRight)
```

■Offsetプロパティ

基準となるセルからの相対的なセルの位置を返します。行番号、列番号を正の数にした場合は、それぞれ下、右方向のセルを返し、負の数にした場合は、それぞれ上、左方向のセルを返します。

構文	オブジェクト.Offset（行番号,列番号）

例：セル【A1】から下へ1、右へ3のセル【D2】を返す

```
Range ("A1") .Offset (1,3)
```

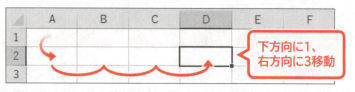

下方向に1、右方向に3移動

例：セル【D3】から上へ1、左へ2のセル【B2】を返す

```
Range ("D3") .Offset (-1,-2)
```

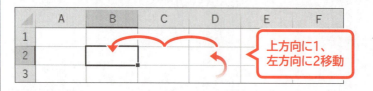

上方向に1、左方向に2移動

40

Lesson

OPEN フォルダー「第3章」 3-5 Lesson

基準となるセルを【A3】とし、表の下端の1行下のセルを選択する**「表の下端の1行下を選択」**プロシージャを作成しましょう。

Answer

❶ 次のようにプロシージャを入力します。
※VBEを起動し、《挿入》→《標準モジュール》をクリックします。

■「表の下端の1行下を選択」プロシージャ

1. Sub 表の下端の1行下を選択()
2. 　　Range ("A3").Select
3. 　　Selection.End (xlDown).Select
4. 　　ActiveCell.Offset (1,0).Select
5. End Sub

■ プロシージャの意味

1.「表の下端の1行下を選択」プロシージャ開始
2. 　　セル【A3】を選択
3. 　　[Ctrl]+[↓]でデータの下端のセルを選択
4. 　　アクティブセルの1行下のセルを選択
5. プロシージャ終了

※コンパイルを実行し、上書き保存しておきましょう。
※プロシージャの動作を確認します。

STEP UP ActiveCellプロパティ

ActiveCellプロパティは、アクティブウィンドウまたは指定したウィンドウのアクティブセルを参照するRangeオブジェクトを返します。セル範囲を指定している場合も、アクティブセルはひとつだけになります。

Practice

フォルダー「第3章」 3-5 Practice

基準となるセルを【A3】とし、表の右端の1列右のセルを選択する**「表の右端の1列右を選択」**プロシージャを作成しましょう。

標準解答

3-6 第3章 オブジェクトの利用
連続するセル範囲に背景色を設定するには？

連続するセルを設定するには、「CurrentRegionプロパティ」を使います。

■ CurrentRegionプロパティ

アクティブセルから、上下左右に連続するすべてのセルを返します。
行、列ともに空白行を空けた表に対して利用すると、表全体を選択することができます。

構　文	オブジェクト.CurrentRegion

	A	B	C	D	E	F
1						
2		No.	氏名	生年月日	年齢	
3		1	斎藤　ひろこ	1980/2/3	44	
4		2	森　道子	1994/1/2	30	
5		3	林　太郎	1975/10/27	48	
6		4	久保　和美	1990/5/4	34	
7						

空白行、列に囲まれた領域

STEP UP Cellsプロパティ

ワークシートの全セルを設定するには、「Cellsプロパティ」を使います。

■ Cellsプロパティ

ワークシート上のセルを返します。
行番号と列番号でセル番地を表します。行番号と列番号を設定しない場合は、全セルを選択します。

構　文	Cells（行番号,列番号）

例：セル【F3】を返す

```
Cells (3,6)
```

STEP UP 相対的なセル範囲の指定

RangeプロパティとCellsプロパティを組み合わせることで、相対的なセル範囲を指定できます。「Cells（1，1）」は上から1番目の左から1番目のセルを指します。また「Cells（1，5）」は上から1番目の左から5番目のセルを指します。これらのCellsプロパティをRangeプロパティの引数に指定すると、相対的なセル範囲を指定できます。例えば、「Range（Cells（1，1），Cells（1，5））」は、上から1番目の左から1番目のセルから、上から1番目の左から5番目のセルまでのセル範囲を指します。

```
Selection.Range (Cells (1, 1), Cells (1, 5)).Select
```

上から1番目の左から1番目のセルから　　上から1番目の左から5番目のセルまで

Lesson

OPEN フォルダー「第3章」 3-6 Lesson

表全体を選択して、「**薄緑（RGB（217,243,204））**」の背景色を設定する「**表の連続するセルに薄緑の背景色を設定**」プロシージャを作成しましょう。表にデータが追加されても、正しく連続した範囲を選択して背景色を設定できるようにしましょう。

Answer

❶ 次のようにプロシージャを入力します。

※VBEを起動し、《挿入》→《標準モジュール》をクリックします。

■「表の連続するセルに薄緑の背景色を設定」プロシージャ

```
1. Sub 表の連続するセルに薄緑の背景色を設定()
2.     Range("A3").Select
3.     ActiveCell.CurrentRegion.Select
4.     Selection.Interior.Color = RGB(217, 243, 204)
5. End Sub
```

■ プロシージャの意味

1. 「表の連続するセルに薄緑の背景色を設定」プロシージャ開始
2. セル【A3】を選択
3. アクティブセルから上下左右に連続する範囲を選択
4. 選択しているセルの背景色を薄緑に設定
5. プロシージャ終了

※コンパイルを実行し、上書き保存しておきましょう。
※プロシージャの動作を確認します。

STEP UP Interiorプロパティ

セルの背景色を設定するには、「Interiorプロパティ」を使います。

■ Interiorプロパティ

オブジェクトの塗りつぶし属性を設定します。

構 文	オブジェクト.Interior

Practice

OPEN フォルダー「第3章」 3-6 Practice

セル範囲【G3:J6】の管理表に、「**水色（RGB（164,222,228））**」の背景色を設定する「**表の連続するセルに水色の背景色を設定**」プロシージャを作成しましょう。表にデータが追加されても、正しく連続した範囲を選択して背景色を設定できるようにしましょう。

標準解答

3-7 行高や列幅を自動調整するには？

第3章　オブジェクトの利用

行を取得するには、「Rowsプロパティ」を、列を取得するには、「Columnsプロパティ」を使います。行高や列幅を自動調整するには、「AutoFitメソッド」を使います。

■ Rowsプロパティ

行を表すRangeオブジェクトを取得します。

構　文	Rows（行番号）

例：行1～行5を取得する

```
Rows ("1：5")
```

指定したセル範囲の行範囲を取得します。

構　文	Rangeオブジェクト.Rows（行番号）

例：セル範囲【A1：D5】の3行目（セル範囲【A3：D3】）を取得する

```
Range ("A1：D5") .Rows (3)
```

■ Columnsプロパティ

列を表すRangeオブジェクトを取得します。列番号には、英字と数字を指定できます。

構　文	Columns（列番号）

例：列A～列Eを取得する

```
Columns ("A：E")
```

指定したセル範囲の列範囲を取得します。

構　文	Rangeオブジェクト.Columns（列番号）

例：セル範囲【A1：D5】の3列目（セル範囲【C1：C5】）を取得する

```
Range ("A1：D5") .Columns (3)
```

■ AutoFitメソッド

行高や列幅を内容に合わせて自動調整します。

構　文	行や列を表すRangeオブジェクト.AutoFit

例：行1～行5の高さを自動調整する

```
Rows ("1：5") .AutoFit
```

STEP UP 行や列の表示・非表示

「Hiddenプロパティ」を使うと、行や列を表示したり非表示にしたりできます。

■Hiddenプロパティ

行や列の表示・非表示の状態を設定・取得します。Trueを設定すると非表示に、Falseを設定すると表示になります。

構文	行や列を表すRangeオブジェクト.Hidden

例：1行目を非表示にする

```
Rows(1).Hidden = True
```

Lesson

OPEN フォルダー「第3章」 3-7 Lesson

表のH列を自動調整する**「列幅の自動調整」**プロシージャを作成しましょう。

Answer

❶ 次のようにプロシージャを入力します。
※VBEを起動し、《挿入》→《標準モジュール》をクリックします。

■「列幅の自動調整」プロシージャ

```
1. Sub 列幅の自動調整()
2.     Columns("H").AutoFit
3. End Sub
```

■プロシージャの意味

1.「列幅の自動調整」プロシージャ開始
2.   H列の列幅を自動調整
3. プロシージャ終了

※コンパイルを実行し、上書き保存しておきましょう。
※プロシージャの動作を確認します。

Practice

OPEN フォルダー「第3章」 3-7 Practice

3行目の行の高さを自動調整し、さらにG列を非表示にする**「行の高さの自動調整と列の非表示」**プロシージャを作成しましょう。

標準解答

45

第3章 オブジェクトの利用

3-8 セルを指定の形式でコピーするには?

セルをコピーするには、「**Copyメソッド**」を使います。コピーしたセルを貼り付けるには、「**PasteSpecialメソッド**」を使います。また、PasteSpecialメソッドの引数を指定することで、値や書式だけを貼り付けることができます。

■Copyメソッド

指定したセルをコピーします。

構 文	Rangeオブジェクト.Copy

■PasteSpecialメソッド

指定したセルにコピーしたセルを貼り付けます。引数Pasteで貼り付ける内容を指定します。

構 文	Rangeオブジェクト.PasteSpecial (Paste)

※本書では、よく使う引数「Paste」の例を記載しています。そのほかの引数を確認する場合は、ヘルプを利用してください。

●引数Pasteに指定できる主な定数

引数	内容
xlPasteAll	すべてを貼り付ける
xlPasteFormats	書式だけを貼り付ける
xlPasteValues	値だけを貼り付ける

※引数Pasteを省略した場合は、定数xlPasteAllが指定されます。

例：セル【A1】に値だけを貼り付ける

Range ("A1") .PasteSpecial Paste：=xlPasteValues

※プロシージャ内のメソッドは、名前付き引数を使って記述しています。

また、Excelでセルをコピーすると、コピー元のセル範囲に点滅する枠線が表示されます。この状態を「**コピーモード**」といいます。同様に、VBAでもRangeオブジェクトに対してCopyメソッドを使うとコピーモードになります。コピーモードを解除するには、「**CutCopyModeプロパティ**」にFalseを代入します。

■CutCopyModeプロパティ

コピーモードの状態を設定・取得します。Falseを設定するとコピーモードが解除されます。このプロパティは、Applicationオブジェクトに対して使用します。

構 文	Applicationオブジェクト.CutCopyMode

Lesson

OPEN
フォルダー「第3章」
E 3-8 Lesson

セル範囲【B5:H5】の値だけをセル【B16】を起点に貼り付ける**「値のみコピー」**プロシージャを作成しましょう。

Answer

❶ 次のようにプロシージャを入力します。
※VBEを起動し、《挿入》→《標準モジュール》をクリックします。

■「値のみコピー」プロシージャ

```
1. Sub 値のみコピー ()
2.      Range ("B5:H5") .Copy
3.      Range ("B16") .PasteSpecial Paste:=xlPasteValues
4.      Application.CutCopyMode = False
5. End Sub
```

■ プロシージャの意味

1. 「値のみコピー」プロシージャ開始
2.   セル範囲【B5:H5】をコピー
3.   セル【B16】に値だけを貼り付ける
4.   コピーモードを解除
5. プロシージャ終了

※コンパイルを実行し、上書き保存しておきましょう。
※プロシージャの動作を確認します。

Practice

OPEN
フォルダー「第3章」
E 3-8 Practice

セル【A3】の書式だけをセル【E3】に貼り付ける**「書式のみコピー」**プロシージャを作成しましょう。

標準解答

第3章 オブジェクトの利用

3-9 選択しているセルやセル範囲に名前を付けるには？

Rangeオブジェクトの「Nameプロパティ」を使うと、セルやセル範囲に名前を付けることができます。

■Nameプロパティ

セルの名前を設定・取得します。

| 構文 | Rangeオブジェクト.Name |

例：セル範囲【A2：D6】に「成績一覧」と名前を設定する

```
Range（A2：D6）.Name ＝ "成績一覧"
```

指定したセル範囲に「成績一覧」という名前が付けられた

	A	B	C	D	E	F
1						
2		国語	数学	英語		
3	木村　薫	90	80	65		
4	佐藤　康太	70	60	90		
5	加藤　一花	68	62	55		
6	坂口　蒼	98	100	87		
7						

STEP UP　セルの名前付き範囲を参照する場合

定義済みのセルやセル範囲の名前を参照するには、ApplicationオブジェクトのNamesプロパティを使います。

| 構文 | Applicationオブジェクト.Names（インデックス番号または名前） |

※引数には、定義されている名前のインデックス番号、または名前を指定します。
※《数式》タブ→《定義された名前》グループの (名前の管理) をクリックすると《名前の管理》ダイアログボックスが表示されます。このダイアログボックスの上から順にインデックス番号が振られています。

上から1,2,3…とインデックス番号が振られているので、この例では、「下期売上表」が「1」、「上期売上表」が「2」となる

Lesson

OPEN
フォルダー「第3章」
3-9 Lesson

セル範囲【A5：H12】に「**上期売上表**」と名前を付ける「**売上表に名前を設定**」プロシージャを作成しましょう。

Answer

❶ 次のようにプロシージャを入力します。
※VBEを起動し、《挿入》→《標準モジュール》をクリックします。

■「売上表に名前を設定」プロシージャ

1. Sub 売上表に名前を設定()
2. 　　　Range("A5:H12").Name = "上期売上表"
3. End Sub

■ プロシージャの意味

1. 「売上表に名前を設定」プロシージャ開始
2. 　　　セル範囲【A5：H12】に「上期売上表」と名前を設定
3. プロシージャ終了

※コンパイルを実行し、上書き保存しておきましょう。
※プロシージャの動作を確認します。

Practice

OPEN
フォルダー「第3章」
3-9 Practice

セル範囲【E5：F10】に「**換算表**」と名前を付ける「**換算表に名前を設定**」プロシージャを作成しましょう。

49

第3章 オブジェクトの利用

3-10 フィルターでデータを抽出するには？

フィルターを実行してデータを抽出するには、「AutoFilterメソッド」を使います。

■ AutoFilterメソッド

フィルターを実行して、リストから条件に一致したデータを抽出します。
オブジェクトには、セルまたはセル範囲を設定する必要があります。

構文	オブジェクト.AutoFilter Field,Criteria1,Operator,Criteria2, VisibleDropDown

引数	内容	省略
Field	抽出条件の対象となる列番号を設定する 列番号には抽出範囲の左から何列目かを設定する	省略できる
Criteria1	抽出条件となる文字列を設定する 省略すると抽出条件はAllとなる	省略できる
Operator	フィルターの種類を組み込み定数で設定する	省略できる
Criteria2	2番目の抽出条件となる文字列を設定する 引数Criteria1と引数Operatorを組み合わせて複合抽出条件を設定することもできる	省略できる
VisibleDropDown	フィルターのドロップダウン矢印の表示（True）、非表示（False）を設定する 省略するとドロップダウン矢印を表示（True）する	省略できる

※すべての引数を省略すると、フィルターが適用されている場合はフィルターを解除します。

STEP UP Operatorの設定

引数Operatorで設定できるフィルターの種類は、組み込み定数を使って設定します。設定できる組み込み定数は、次のとおりです。

組み込み定数	値	内容
xlAnd	1	引数Criteria1と引数Criteria2をAND条件で指定
xlOr	2	引数Criteria1と引数Criteria2をOR条件で指定
xlTop10Items	3	上位から引数Criteria1で指定した順位を表示
xlBottom10Items	4	下位から引数Criteria1で指定した順位を表示
xlTop10Percent	5	上位から引数Criteria1で指定した割合を表示
xlBottom10Percent	6	下位から引数Criteria1で指定した割合を表示
xlFilterValues	7	フィルターの値を指定
xlFilterCellColor	8	セルの色を指定
xlFilterFontColor	9	フォントの色を指定
xlFilterIcon	10	フィルターのアイコンを指定
xlFilterDynamic	11	動的フィルターを指定

※動的フィルターとは、再適用したときに結果が変わる可能性があるフィルターです。

Lesson

OPEN フォルダー「第3章」 3-10 Lesson

シート**「社員名簿」**から、所属部署が**「総務部」**の社員のデータだけを表示させる**「部署フィルター」**プロシージャを作成しましょう。また、フィルターを解除する**「部署フィルターの解除」**プロシージャも作成しましょう。

Answer

❶ 次のようにプロシージャを入力します。
※VBEを起動し、《挿入》→《標準モジュール》をクリックします。

■「部署フィルター」プロシージャ

```
1. Sub 部署フィルター()
2.     Range("A3:F23").AutoFilter Field:=3, Criteria1:="総務部"
3. End Sub
```

■ プロシージャの意味

1. 「部署フィルター」プロシージャ開始
2. 　セル範囲【A3:F23】のうち3列目が「総務部」のデータを抽出
3. プロシージャ終了

■「部署フィルターの解除」プロシージャ

```
1. Sub 部署フィルターの解除()
2.     Range("A3:F23").AutoFilter
3. End Sub
```

■ プロシージャの意味

1. 「部署フィルターの解除」プロシージャ開始
2. 　セル範囲【A3:F23】のフィルターを解除
3. プロシージャ終了

※コンパイルを実行し、上書き保存しておきましょう。
※プロシージャの動作を確認します。

Practice

OPEN フォルダー「第3章」 3-10 Practice

シート**「学生名簿」**から、学年が**「3」**の学生のデータだけを表示させる**「学年フィルター」**プロシージャを作成しましょう。また、フィルターを解除する**「学年フィルターの解除」**プロシージャも作成しましょう。

標準解答

3-11 表のデータを並べ替えるには？

第3章　オブジェクトの利用

セルに入力されたデータを並べ替えるには、「Sortメソッド」を使います。

■Sortメソッド

指定したセル範囲を並べ替えます。

構文	Rangeオブジェクト.Sort（Key1, Order1, Key2, Order2, Key3, Order3, Header）

引数	内容	省略
Key1～Key3	並べ替えフィールドとなるセルをRangeオブジェクトで指定	省略できる ※省略した場合は選択されているセルを並べ替えフィールドとします。
Order1～Order3	昇順で並べ替えるには定数xlAscendingを、降順で並べ替えるには定数xlDescendingを指定	省略できる ※省略した場合は昇順で並べ替えます。
Header	先頭行が見出しの場合は定数xlYesを、見出しでない場合は定数xlNoを指定	省略できる ※省略した場合は定数xlNoが指定されます。

STEP UP 並べ替えの範囲

セル範囲に対してSortメソッドを使うと、そのセル範囲が並び替わります。単一セルに対してSortメソッドを使うと、そのセルを含む連続するセル範囲が並び替わります。例えば、下の2つの例では、どちらも同じセル範囲に対して並べ替えが行われます。

例1：Range("A3:F8").Sort

例2：Range("A3").Sort

単一セル【A3】を含み、データが存在する連続するセル範囲は【A3:F8】になります。

STEP UP 並べ替えの解除

Sortメソッドを利用し、並べ替えたセル範囲を解除する（元の順番に戻す）ことはできません。元の順番に戻す可能性がある表であれば、事前に通し番号などの列を用意しておく必要があります。例えば上の社員名簿の表では、A列の社員番号の列を昇順に並べ替えることで、データの並びを元に戻すことができます。

Lesson

OPEN フォルダー「第3章」 E 3-11 Lesson

社員名簿のデータを「**生年月日**」の「**昇順**」で並べ替える「**生年月日昇順**」プロシージャを作成しましょう。また、データの並びを元に戻す「**社員番号昇順**」プロシージャも作成しましょう。

Answer

❶ 次のようにプロシージャを入力します。
※VBEを起動し、《挿入》→《標準モジュール》をクリックします。

■「生年月日昇順」プロシージャ

1. Sub 生年月日昇順()
2. 　　Range("A3").Sort Key1:=Range("E3"), Order1:=xlAscending, Header:=xlYes
3. End Sub

■プロシージャの意味

1.「生年月日昇順」プロシージャ開始
2. 　　セル【A3】を含む連続するセル範囲に対して並べ替え(並べ替えフィールドはセル【E3】、昇順、先頭行を見出しとする)
3. プロシージャ終了

■「社員番号昇順」プロシージャ

1. Sub 社員番号昇順()
2. 　　Range("A3").Sort Key1:=Range("A3"), Order1:=xlAscending, Header:=xlYes
3. End Sub

■プロシージャの意味

1.「社員番号昇順」プロシージャ開始
2. 　　セル【A3】を含む連続するセル範囲に対して並べ替え(並べ替えフィールドはセル【A3】、昇順、先頭行を見出しとする)
3. プロシージャ終了

※コンパイルを実行し、上書き保存しておきましょう。
※プロシージャの動作を確認します。

Practice

OPEN フォルダー「第3章」 E 3-11 Practice

学生名簿のデータを「**生徒番号**」の「**降順**」で並べ替える「**生徒番号降順**」プロシージャを作成しましょう。また、データの並びを元に戻す「**生徒番号昇順**」プロシージャも作成しましょう。

標準解答

3-12 図形やグラフの表示／非表示を切り替えるには？

第3章 オブジェクトの利用

図形やグラフの表示・非表示を切り替えるには、「**Shapes**プロパティ」、「**ChartObjects**プロパティ」、「**Visible**プロパティ」を使います。
Shapesプロパティは、シート上の図形を処理対象にできます。
ChartObjectsプロパティは、シート上のグラフを処理対象にできます。
Visibleプロパティは、オブジェクトの表示・非表示を切り替えることができます。

■Shapesプロパティ

すべての図形や特定の図形を返します。

| 構文 | Shapes ("オブジェクト名") |

■ChartObjectsプロパティ

グラフを返します。

| 構文 | ChartObjects ("オブジェクト名") |

■Visibleプロパティ

オブジェクトの表示・非表示を切り替えます。

| 構文 | オブジェクト.Visible = 設定値 |

設定値	内容
True	オブジェクトが表示される
False	オブジェクトが非表示になる

例：シート「売上表」のグラフ「グラフ1」を非表示にする

Worksheets ("売上表") .ChartObjects ("グラフ1") .Visible = False

STEP UP オブジェクトの名前

図形やグラフなどの名前を確認するには、[A1］（名前ボックス）を使います。名前ボックスに直接入力し、オブジェクトの名前を変更することも可能です。

Lesson

OPEN フォルダー「第3章」 3-12 Lesson

シート**「グラフシート」**のグラフ**「売上グラフ」**を非表示にする、**「グラフ非表示」**プロシージャを作成しましょう。また、グラフを再表示する**「グラフ再表示」**プロシージャも作成しましょう。

Answer

❶ 次のようにプロシージャを入力します。
※VBEを起動し、《挿入》→《標準モジュール》をクリックします。

■「グラフ非表示」プロシージャ

```
1. Sub グラフ非表示()
2.     Worksheets("グラフシート").ChartObjects("売上グラフ").Visible = False
3. End Sub
```

■プロシージャの意味

1.「グラフ非表示」プロシージャ開始
2.　　シート「グラフシート」のグラフ「売上グラフ」を非表示にする
3. プロシージャ終了

■「グラフ再表示」プロシージャ

```
1. Sub グラフ再表示()
2.     Worksheets("グラフシート").ChartObjects("売上グラフ").Visible = True
3. End Sub
```

■プロシージャの意味

1.「グラフ再表示」プロシージャ開始
2.　　シート「グラフシート」のグラフ「売上グラフ」を再表示する
3. プロシージャ終了

※コンパイルを実行し、上書き保存しておきましょう。
※プロシージャの動作を確認します。

Practice

OPEN フォルダー「第3章」 3-12 Practice

シート**「案内状」**の図形**「路線」**を非表示にする、**「図形非表示」**プロシージャを作成しましょう。また、図形を再表示する**「図形再表示」**プロシージャも作成しましょう。

標準解答

3-13

第3章　オブジェクトの利用

ワークシートを追加したり削除したりするには？

「Worksheetsプロパティ」はワークシートの集まりを表し、特定のワークシートを選択したり、追加・削除したりする場合に使います。

ワークシートを追加するには「**Addメソッド**」を、削除するには「**Deleteメソッド**」を使います。

■ Worksheetsプロパティ

ブック内のすべてのワークシートや特定のワークシートを返します。

構　文	Worksheets ("シート名")

■ Addメソッド

新しくオブジェクトを追加します。

構　文	オブジェクト.Add

■ Deleteメソッド

オブジェクトを削除します。

構　文	オブジェクト.Delete

STEP UP　シート名を変更する場合

プロシージャでシート名を指定している場合、シート名を変更するとプロシージャの記述と連動せず、実行時にエラーが発生します。シート名を変更する場合は、プロシージャの記述も合わせて修正する必要があります。

STEP UP　ブック内のすべてのシートは削除できない

ブックのすべてのシートを削除することはできません。シートが1枚しかないときにシートを削除するプロシージャを実行すると、「ブックのシートをすべて削除または非表示にすることはできません」というメッセージが表示された実行時エラーが発生します。

STEP UP　追加したシート名を変更する場合

追加したワークシートの名前は「Sheet1」になります。ワークシートの名前を変更する場合はNameプロパティを使います。

例：現在選択しているシートの名前を「横浜店」に変更する

```
ActiveSheet.Name = "横浜店"
```

STEP UP　Countプロパティ

オブジェクトの数を数えるには、「Countプロパティ」を使います。

■ Countプロパティ

オブジェクトの数を返します。

構文	オブジェクト.Count

Lesson

OPEN
フォルダー「第3章」
3-13 Lesson

ブックに新しいワークシートを追加する**「ワークシートの追加」**プロシージャを作成しましょう。なお、既存の2つのワークシートの左側に追加し、シート名を**「横浜店」**に変更します。

Answer

❶ 次のようにプロシージャを入力します。
※VBEを起動し、《挿入》→《標準モジュール》をクリックします。

■「ワークシートの追加」プロシージャ

```
1. Sub ワークシートの追加()
2.     Worksheets.Add
3.     ActiveSheet.Name = "横浜店"
4. End Sub
```

■ プロシージャの意味

1.「ワークシートの追加」プロシージャ開始
2.　　　ワークシートを追加
3.　　　選択されているシート名を「横浜店」に変更
4. プロシージャ終了

※コンパイルを実行し、上書き保存しておきましょう。
※プロシージャの動作を確認します。アクティブシートを「東銀座店」にした状態でプロシージャを実行します。

Practice

OPEN
フォルダー「第3章」
3-13 Practice

ブックに新しいワークシートを追加し、ワークシート**「2020」**を削除する**「ワークシートの追加と削除」**プロシージャを作成しましょう。なお、ワークシートは、既存の4つのワークシートの左側に追加します。

標準解答

3-14 ワークシートをコピーしたり移動したりするには？

第3章　オブジェクトの利用

ワークシートをコピーするには「Copyメソッド」を、ワークシートを移動するには「Moveメソッド」を使います。

CopyメソッドとMoveメソッドは同じ引数を持ち、それぞれコピー先や移動先を指定できます。

■Copyメソッド

ワークシートをコピーします。

構　文	Worksheetオブジェクト.Copy（Before, After）

引数	内容	省略
Before	ワークシートをコピーする位置をWorksheetオブジェクトで指定 指定したワークシートの直前にワークシートがコピーされる	省略できる
After	ワークシートをコピーする位置をWorksheetオブジェクトで指定 指定したワークシートの直後にワークシートがコピーされる	省略できる

※コピーする位置は、引数Beforeか引数Afterのどちらかで指定します。両方を指定することはできません。両方とも省略した場合、新規ブックが作成され、そこにコピーされます。

例：ワークシート「売上表」を先頭（1番目のワークシートの直前）にコピーする

```
Worksheets("売上表").Copy Before:=Worksheets(1)
```

■Moveメソッド

ワークシートを移動します。

構　文	Worksheetオブジェクト.Move（Before, After）

引数	内容	省略
Before	ワークシートを移動する位置をWorksheetオブジェクトで指定 指定したワークシートの直前にワークシートが移動される	省略できる
After	ワークシートを移動する位置をWorksheetオブジェクトで指定 指定したワークシートの直後にワークシートが移動される	省略できる

※移動する位置は、引数Beforeか引数Afterのどちらかで指定します。両方を指定することはできません。両方とも省略した場合は、新規ブックが作成され、そこに移動されます。

例：ワークシート「売上表」を2番目（1番目のワークシートの直後）に移動する

```
Worksheets("売上表").Move After:=Worksheets(1)
```

Lesson

OPEN フォルダー「第3章」 3-14 Lesson

ワークシート**「新川崎店」**をアクティブシートの左側（直前）にコピーする**「ワークシートのコピー」**プロシージャを作成しましょう。なお、アクティブシートは**「新川崎店」**の状態でプロシージャを実行します。

Answer

❶ 次のようにプロシージャを入力します。
※VBEを起動し、《挿入》→《標準モジュール》をクリックします。

■「ワークシートのコピー」プロシージャ

1. Sub ワークシートのコピー ()
2. 　　Worksheets ("新川崎店").Copy Before：=ActiveSheet
3. End Sub

■プロシージャの意味

1.「ワークシートのコピー」プロシージャ開始
2. 　　ワークシート「新川崎店」をアクティブシートの左側（直前）にコピー
3. プロシージャ終了

※コンパイルを実行し、上書き保存しておきましょう。
※プロシージャの動作を確認します。

STEP UP ActiveSheetプロパティ

現在選択しているシートを返すには、「ActiveSheetプロパティ」を使います。

■ActiveSheetプロパティ

現在選択しているシートを返します。

構文	Applicationオブジェクト.ActiveSheet

※Applicationオブジェクトを指定しない場合は、作業中のブックの現在選択されているシートを返します。

Practice

OPEN フォルダー「第3章」 3-14 Practice

アクティブシートの右側（直後）にワークシート**「2023」**をコピーしたあと、シート名を**「2024」**に変更する**「ワークシートのコピーとリネーム」**プロシージャを作成しましょう。なお、アクティブシートは**「2023」**の状態でプロシージャを実行します。

標準解答

59

3-15 第3章 オブジェクトの利用
印刷のページレイアウトを設定するには？

印刷のページレイアウトを設定するには、「PageSetupプロパティ」を使います。

印刷の向き、拡大縮小率、水平・垂直方向の中央に印刷するかなどのページ属性を設定するには、「Zoomプロパティ」、「Orientationプロパティ」、「CenterHorizontallyプロパティ」、「CenterVerticallyプロパティ」を使います。

印刷プレビューを表示するには、「PrintPreviewメソッド」を使います。

■ PageSetupプロパティ

印刷のページレイアウトを設定します。

構　文	オブジェクト.PageSetup

■ Zoomプロパティ

印刷の拡大縮小率を10〜400の値で設定します。設定値を「False」とすると拡大縮小率が無効になります。

構　文	オブジェクト.PageSetup.Zoom = 設定値

■ Orientationプロパティ

印刷の向きを、組み込み定数を使って設定します。指定しない場合、印刷の向きは縦になります。

構　文	オブジェクト.PageSetup.Orientation = 向き

※向きは、組み込み定数「xlPortrait」で「縦向き」に、「xlLandscape」で「横向き」になります。

■ CenterHorizontallyプロパティ

水平方向の中央に印刷するかどうかを設定します。

構　文	オブジェクト.PageSetup.CenterHorizontally = 設定値

※設定値は、「True」で「水平方向中央に印刷する」に、「False」で「水平方向の中央に印刷しない」になります。

※垂直方向の中央に印刷するかどうかを設定する場合は、「CenterVerticallyプロパティ」を使います。構文や設定値は「CenterHorizontallyプロパティ」と同様です。

■ PrintPreviewメソッド

印刷プレビューを表示します。

構　文	オブジェクト.PrintPreview

Lesson

OPEN フォルダー「第3章」 3-15 Lesson

ページレイアウトを、「横向き」、「拡大縮小率なし」、「水平方向の中央に印刷」に設定し、印刷プレビューを表示する、「横向き100水平中央のページレイアウト設定」プロシージャを作成しましょう。

Answer

❶ 次のようにプロシージャを入力します。
※VBEを起動し、《挿入》→《標準モジュール》をクリックします。

■「横向き100水平中央のページレイアウト設定」プロシージャ

```
1. Sub 横向き100水平中央のページレイアウト設定()
2.     With ActiveSheet.PageSetup
3.         .Orientation = xlLandscape
4.         .Zoom = False
5.         .CenterHorizontally = True
6.     End With
7.     ActiveSheet.PrintPreview
8. End Sub
```

■ プロシージャの意味

1. 「横向き100水平中央のページレイアウト設定」プロシージャ開始
2.   アクティブシートのページレイアウトを次のように設定
3.   印刷の向きを横向きにする
4.   拡大縮小率の設定をオフにする
5.   水平方向の中央に印刷する
6.   ページレイアウトの設定を終了
7.   アクティブシートの印刷プレビューを表示
8. プロシージャ終了

※コンパイルを実行し、上書き保存しておきましょう。
※プロシージャの動作を確認します。

Practice

OPEN フォルダー「第3章」 3-15 Practice

ページレイアウトを、「縦向き」、「拡大縮小率150」、「垂直方向の中央に印刷」に設定し、印刷プレビューを表示する、「縦向き150垂直中央のページレイアウト設定」プロシージャを作成しましょう。なお、アクティブシートは「2023」の状態でプロシージャを実行します。

標準解答

第3章　オブジェクトの利用

3-16 ワークシートの印刷範囲を設定するには？

ワークシートの印刷範囲を設定するには、PageSetupオブジェクトの「**PrintAreaプロパティ**」を使います。通常は値が入力されたセル範囲すべてが印刷されますが、印刷範囲を設定するとそのセル範囲だけを印刷できます。PageSetupオブジェクトは、印刷のページレイアウトの設定を表すオブジェクトで、用紙サイズや印刷の向きなど、すべてのページ設定に関するプロパティを設定できます。

■ PrintAreaプロパティ

ページ設定の印刷範囲を設定・取得します。印刷する範囲はセル番地で指定します。

構　文	Worksheetオブジェクト.PageSetupオブジェクト.PrintArea

例：アクティブシートの印刷範囲をセル範囲【B3：G20】に設定する

```
ActiveSheet.PageSetup.PrintArea = "B3：G20"
```

ページ設定の行タイトルを設定するには、PageSetupオブジェクトの「**PrintTitleRowsプロパティ**」を使います。行タイトルを設定すると、すべての印刷ページに指定した行が印刷されます。複数のページにまたがる住所録などを印刷する場合でも、すべてのページに項目名が印刷されるので便利です。

■ PrintTitleRowsプロパティ

ページ設定の行タイトルを設定・取得します。行タイトルはセル番地で指定します。

構　文	Worksheetオブジェクト.PageSetupオブジェクト.PrintTitleRows

例：アクティブシートの行タイトルを行3～行5に設定する

```
ActiveSheet.PageSetup.PrintTitleRows = Rows ("3：5") .Address
```

STEP UP Addressプロパティ

セル番地を取得するには「Addressプロパティ」を使います。Addressプロパティは、値の設定ができない取得専用のプロパティです。

■ Addressプロパティ

セル番地を取得します。引数RowAbsolute、引数ColumnAbsoluteにTrueを指定すると絶対参照、Falseを指定すると相対参照で返します。

構　文	Rangeオブジェクト.Address (RowAbsolute,ColumnAbsolute)

※引数RowAbsolute、引数ColumnAbsoluteを省略するとTrueが指定されます。

62

Lesson

OPEN フォルダー「第3章」 3-16 Lesson

売上一覧のうち、「**6～8月**」の売上のみを印刷範囲とする**「期間売上表の印刷設定」**プロシージャを作成しましょう。また、1～3行目を印刷時の行タイトルに設定します。

Answer

❶ 次のようにプロシージャを入力します。
※VBEを起動し、《挿入》→《標準モジュール》をクリックします。

■「期間売上表の印刷設定」プロシージャ

```
1. Sub 期間売上表の印刷設定()
2.     With Worksheets("売上表").PageSetup
3.         .PrintArea = "A1:I73"
4.         .PrintTitleRows = Rows("1:3").Address
5.     End With
6. End Sub
```

■ プロシージャの意味

1. 「期間売上表の印刷設定」プロシージャ開始
2.   ワークシート「売上表」のページレイアウトを次のように設定
3.   印刷範囲をセル範囲【A1:I73】にする
4.   タイトル行を1～3行目にする
5.   ページレイアウトの設定を終了
6. プロシージャ終了

※コンパイルを実行し、上書き保存しておきましょう。
※プロシージャの動作を確認します。印刷プレビューで、設定した内容が反映されているか確認しましょう。

Practice

OPEN フォルダー「第3章」 3-16 Practice

業務スケジュール表のうち、「**7～8月**」のスケジュールのみを印刷範囲とする**「期間スケジュールの印刷設定」**プロシージャを作成しましょう。また、1～5行目を印刷時の行タイトルに設定します。

標準解答

第3章 オブジェクトの利用

3-17 ワークシートに改ページを追加するには？

改ページには、横方向にページを分割する水平改ページと、縦方向にページを分割する垂直改ページがあります。ワークシート内のすべての水平改ページは、「**HPageBreaksコレクション**」で表され、「**HPageBreaksプロパティ**」によって取得することができます。
HPageBreaksコレクションに対してAddメソッドを使うと、水平改ページを追加できます。

■ HPageBreaksプロパティ

ワークシートのすべての水平改ページ（HPageBreaksコレクション）を取得します。

構 文	Worksheetオブジェクト.HPageBreaks

■ Addメソッド

水平改ページを追加します。

構 文	Worksheetオブジェクト.HPageBreaks.Add（Before）

引数Beforeには、水平改ページを追加する下のセル範囲を指定します。引数Beforeは省略できません。

例：アクティブシートのセル【B10】の上に水平改ページを追加する

```
ActiveSheet.HPageBreaks.Add Before:=Range("B10")
```

STEP UP 改ページの解除

ワークシート上のすべての改ページを解除するには、「ResetAllPageBreaksメソッド」を使います。水平・垂直改ページがすべて解除されます。

■ ResetAllPageBreaksメソッド

ワークシート上のすべての水平・垂直改ページを解除します。

構 文	Worksheetオブジェクト.ResetAllPageBreaks

STEP UP 垂直改ページの設定

垂直改ページを設定するには、「VPageBreaksプロパティ」を使います。

■ VPageBreaksプロパティ

ワークシートのすべての垂直改ページ（VPageBreaksコレクション）を取得します。

構 文	Worksheetオブジェクト.VPageBreaks

Lesson

OPEN
フォルダー「第3章」
3-17 Lesson

売上一覧表を月ごとに改ページして印刷する、**「売上月別の改ページ設定」**プロシージャを作成しましょう。また、1～3行目を印刷時の行タイトルに設定します。

Answer

❶ 次のようにプロシージャを入力します。
※VBEを起動し、《挿入》→《標準モジュール》をクリックします。

■「売上月別の改ページ設定」プロシージャ

```
1. Sub 売上月別の改ページ設定()
2.     With Worksheets("売上表")
3.         .HPageBreaks.Add Before:=Range("A22")
4.         .HPageBreaks.Add Before:=Range("A42")
5.         .HPageBreaks.Add Before:=Range("A74")
6.         .HPageBreaks.Add Before:=Range("A104")
7.         .PageSetup.PrintTitleRows = Rows("1:3").Address
8.     End With
9. End Sub
```

■プロシージャの意味

1. 「売上月別の改ページ設定」プロシージャ開始
2. 　ワークシート「売上表」を次のように設定
3. 　　セル【A22】の上に水平改ページを追加（7月の1行目）
4. 　　セル【A42】の上に水平改ページを追加（8月の1行目）
5. 　　セル【A74】の上に水平改ページを追加（9月の1行目）
6. 　　セル【A104】の上に水平改ページを追加（10月の1行目）
7. 　　ページ設定のタイトル行を1～3行目に設定
8. 　設定を終了
9. プロシージャ終了

※コンパイルを実行し、上書き保存しておきましょう。
※プロシージャの動作を確認します。印刷プレビューで、設定した内容が反映されているか確認しましょう。

Practice

OPEN
フォルダー「第3章」
3-17 Practice

業務スケジュール表を月ごとに改ページして印刷する**「業務月別の改ページ設定」**プロシージャを作成しましょう。また、4～5行目を印刷時の行タイトルに設定します。

標準解答

3-18

第3章　オブジェクトの利用

ブックを開くには？

Workbooksコレクションに対して「Openメソッド」を使うと、既存のブックを開くことができます。Openメソッドの引数に、開くブックの場所（ドライブ名やフォルダー名）とファイル名を指定します。

■ Openメソッド

ブックを開きます。

構　文	Workbooksコレクション.Open (Filename)

引数Filenameには、開くブックが保存されている場所（ドライブ名やフォルダー名）とファイル名を絶対パスで指定します。絶対パスとは、ドライブから目的のファイルまですべてのフォルダー名とファイル名を階層順に指定する方法です。フォルダー名やファイル名は「¥」で区切ります。
引数Filenameにファイル名だけを指定すると、カレントフォルダー（現在のフォルダー）内のファイルが開かれます。また、指定したフォルダーやファイルがない場合は、エラーが発生します。

例：Cドライブのフォルダー「年間売上」から、ファイル「4月売上.xlsx」を開く

```
Workbooks.Open Filename：="C：¥年間売上¥4月売上.xlsx"
```

実行中のプロシージャが記述されているブック（Workbookオブジェクト）を取得するには、「ThisWorkbookプロパティ」を使います。また、「Pathプロパティ」を使うと、指定したブックが保存されているフォルダーの絶対パスを取得できます。

■ ThisWorkbookプロパティ

実行中のプロシージャが記述されているブックを取得します。

構　文	ThisWorkbook

■ Pathプロパティ

ブックが保存されているフォルダーの絶対パスを取得します。

構　文	Workbookオブジェクト.Path

例：実行中のプロシージャが記述されたブックが保存されているフォルダーの絶対パスを取得する

```
ThisWorkbook.Path
```

Lesson

OPEN フォルダー「第3章」
E 3-18 Lesson

同じフォルダー内にあるブック**「商品リスト.xlsx」を開く、「商品リストを開く」**プロシージャを作成しましょう。

Answer

❶ 次のようにプロシージャを入力します。
※VBEを起動し、《挿入》→《標準モジュール》をクリックします。

■「商品リストを開く」プロシージャ

```
1. Sub 商品リストを開く()
2.     Workbooks.Open Filename:=ThisWorkbook.Path & "¥商品リスト.xlsx"
3. End Sub
```

■ プロシージャの意味

1.「商品リストを開く」プロシージャ開始
2.   実行中のプロシージャが記述されたブックと同じフォルダー内のブック「商品リスト.xlsx」を開く
3. プロシージャ終了

※コンパイルを実行し、上書き保存しておきましょう。
※プロシージャの動作を確認します。

STEP UP　ThisWorkbook.Path

Pathプロパティでは、ブックが保存されているフォルダーまでの絶対パスを取得します。フォルダーの中のブックを指定するには、ブック名の先頭に「¥」が必要です。

```
ThisWorkbook.Path & "¥商品リスト.xlsx"
```

※ThisWorkbook.Pathは「C:¥ユーザー¥(ユーザー名)¥Documents¥ExcelマクロVBA超実践トレーニング2021／2019／2016／365¥第3章」までを取得するため、その後にブック名を指定するときは、先頭に「¥」を入れます。

Practice

OPEN フォルダー「第3章」
E 3-18 Practice

同じフォルダー内にあるブック**「模擬試験成績順.xlsx」を開く、「模擬試験成績順を開く」**プロシージャを作成しましょう。

標準解答

3-19 選択したブックのパスを調べるには？

第3章 オブジェクトの利用

選択したファイルの絶対パスを取得するには、「**GetOpenFilenameメソッド**」を使います。GetOpenFilenameメソッドは、《ファイルを開く》ダイアログボックスを表示し、選択したファイルの絶対パスを取得します。《ファイルを開く》ダイアログボックスの操作がキャンセルされるとFalseを返します。

■GetOpenFilenameメソッド

《ファイルを開く》ダイアログボックスを表示し、選択したファイルの絶対パスを取得します。このメソッドは、Applicationオブジェクトに対して使用します。

| 構　文 | Applicationオブジェクト.GetOpenFilename (FileFilter) |

引数FileFilterで、《ファイルを開く》ダイアログボックスに表示するファイルの種類を指定できます。ファイルの種類は「ファイルの種類を表す任意の文字列」と「表示するファイルの拡張子」を「,」で区切って指定します。「ファイルの種類を表す任意の文字列」は、《ファイルを開く》ダイアログボックス内の《ファイルの種類》ボックスのリストに表示されます。また、「表示するファイルの拡張子」はワイルドカードを使って指定します。
省略した場合は、すべてのファイルが表示されます。

例：表示するファイルの種類をテキストファイルに限定して、《ファイルを開く》ダイアログボックスを表示する

```
Application.GetOpenFilename ("テキストファイル,*.txt")
```

例：表示するファイルの種類をエクセルファイルに限定して、《ファイルを開く》ダイアログボックスを表示する

```
Application.GetOpenFilename ("エクセルファイル,*.xlsx")
```

STEP UP 選択したブックをただちに開く

GetOpenFilenameは、《ファイルを開く》ダイアログボックスで選択したファイルの絶対パスを取得しますが、実際にファイルを開くわけではありません。選択したブックをすぐに開きたい場合は、「**FindFileメソッド**」を使います。

■FindFileメソッド

《ファイルを開く》ダイアログボックスを表示し、ユーザーが選択したブックを開きます。正常に開くことができた場合はTrueを返します。《ファイルを開く》ダイアログボックスの操作をキャンセルした場合は、Falseを返します。

| 構　文 | Applicationオブジェクト.FindFile |

例：《ファイルを開く》ダイアログボックスで、指定のブックを選択し《開く》をクリックすると、そのファイルがただちに開く

Lesson

OPEN

フォルダー「第3章」

E 3-19 Lesson

同じフォルダーにあるブック**「商品リスト.xlsx」**を選択し、そのファイルの絶対パスをメッセージボックスに表示させる、**「エクセルファイルの絶対パスの表示」**プロシージャを作成しましょう。なお、**《ファイルを開く》**ダイアログボックスで表示するファイルの種類は、**「Excelファイル（拡張子.xlsx）」**に限定します。

Answer

❶ 次のようにプロシージャを入力します。

※VBEを起動し、《挿入》→《標準モジュール》をクリックします。

■「エクセルファイルの絶対パスの表示」プロシージャ

```
1. Sub エクセルファイルの絶対パスの表示 ()
2.     Dim Fname As String
3.     Fname = Application.GetOpenFilename ("エクセルファイル,*.xlsx")
4.     If Fname <> "False" Then
5.         Workbooks.Open Filename：=Fname
6.     End If
7.     MsgBox Fname
8. End Sub
```

■ プロシージャの意味

1. 「エクセルファイルの絶対パスの表示」プロシージャ開始
2. 　　文字列型の変数「Fname」を使用することを宣言
3. 　　表示するファイルの種類をエクセルファイルに限定して、《ファイルを開く》ダイアログボックスを表示する絶対パスを変数「Fname」に代入
4. 　　変数「Fname」がFalseでない場合（ファイルが選択されている場合）は
5. 　　　　変数「Fname」に代入されたブックを開く
6. 　　Ifステートメント終了
7. 　　変数「Fname」の内容（選択したファイルの絶対パス）をメッセージに表示
8. プロシージャ終了

※コンパイルを実行し、上書き保存しておきましょう。
※プロシージャの動作を確認します。
※変数については、第4章（P.74）を、IFステートメントについては、第4章（P.78）を、MsgBox関数については、第5章（P.94）を参照してください。

STEP UP　文字列型の変数の比較

条件に文字列型の変数を使うときは、文字列同士で比較する必要があります。変数Fnameは文字列型の変数なので、Falseを「"」で囲んで比較しています。条件に使用する文字列は、大文字と小文字が区別されます。

Practice

OPEN

フォルダー「第3章」

E 3-19 Practice

標準解答

同じフォルダーにあるブック**「模擬試験成績の降順.xlsm」**を選択し、そのファイルの絶対パスをメッセージボックスに表示させる、**「マクロファイルの絶対パスの表示」**プロシージャを作成しましょう。なお、**《ファイルを開く》**ダイアログボックスで表示するファイルの種類は、**「Excelマクロファイル（拡張子.xlsm）」**に限定します。

3-20 ブックを保存するには？

ブックを保存する方法には、「**上書き保存**」と「**名前を付けて保存**」の2種類があります。ブックを上書き保存するには「**Saveメソッド**」を、名前を付けて保存するには「**SaveAsメソッド**」を使います。

■Saveメソッド

ブックを上書き保存します。

構　文	Workbookオブジェクト.Save

例：実行中のプロシージャが記述されたブックを上書き保存する

```
ThisWorkbook.Save
```

■SaveAsメソッド

ブックを別名で保存します。

構　文	Workbookオブジェクト.SaveAs（Filename）

引数Filenameには、保存する場所（ドライブ名やフォルダー名）とファイル名を絶対パスで指定します。

例：実行中のプロシージャが記述されたブックを、Cドライブのフォルダー「年間売上」に「5月売上.xlsx」という名前で保存する

```
ThisWorkbook.SaveAs Filename:="C:\年間売上\5月売上.xlsx"
```

STEP UP ブックの保存先

まだ一度も保存していない新規のブックに対してSaveメソッドを使うと、カレントフォルダーへ保存されます。カレントフォルダーを把握していないと、どこへ保存されたかわからなくなる可能性があるため、注意が必要です。ブックのカレントフォルダーを取得するには、Pathプロパティ（P.66）を使います。

STEP UP 保存場所に同名のファイルがある場合

SaveAsメソッドを使って、ブックを名前を付けて指定の場所に保存する場合に、すでにその保存場所に同名のファイルがある場合は、ファイルを置き換えるかどうかの確認のメッセージが表示されます。《はい》をクリックした場合は上書き保存され、《いいえ》をクリックした場合はエラーとなります。

Lesson

OPEN フォルダー「第3章」 3-20 Lesson

開いたブックに**「お見積書.xlsm」**という新しい名前を付けて、開いたブックと同じフォルダーに保存する**「見積書の新規保存」**プロシージャを作成しましょう。さらに、開いたブックを上書き保存する**「見積書の上書き保存」**プロシージャを作成しましょう。

Answer

❶ 次のようにプロシージャを入力します。
※VBEを起動し、《挿入》→《標準モジュール》をクリックします。

■「見積書の新規保存」プロシージャ

```
1. Sub 見積書の新規保存()
2.     ThisWorkbook.SaveAs Filename：=ThisWorkbook.Path & "¥お見積書.xlsm"
3. End Sub
```

■「見積書の新規保存」プロシージャの意味

1. 「見積書の新規保存」プロシージャ開始
2. 　　実行中のプロシージャが記述されたブックを、同じフォルダー内に「お見積書.xlsm」という名前で保存
3. プロシージャ終了

■「見積書の上書き保存」プロシージャ

```
1. Sub 見積書の上書き保存()
2.     ThisWorkbook.Save
3. End Sub
```

■「見積書の上書き保存」プロシージャの意味

1. 「見積書の上書き保存」プロシージャ開始
2. 　　実行中のブックを上書き保存
3. プロシージャ終了

※コンパイルを実行し、上書き保存しておきましょう。
※プロシージャの動作を確認します。

Practice

OPEN フォルダー「第3章」 3-20 Practice

開いたブックに**「2024模擬試験成績表.xlsm」**という新しい名前を付けて、開いたブックと同じフォルダーに保存する**「成績表の新規保存」**プロシージャを作成しましょう。さらに、ブックを上書き保存する**「成績表の上書き保存」**プロシージャを作成しましょう。

標準解答

3-21 ブックを閉じるには？

指定したブックを閉じるには、「**Closeメソッド**」を使います。Closeメソッドの引数を使って、ブックを閉じる際に保存するかどうかを指定できます。

■Closeメソッド

ブックを閉じます。引数SaveChangesにTrueを指定すると、ブックを保存して閉じ、Falseを指定するとブックを保存せずに閉じます。

構文	Workbookオブジェクト.Close(SaveChanges)

※ブックが保存されていない状態で引数SaveChangesを省略すると、ブックを保存するかどうかのメッセージが表示されます。

Lesson

OPEN
フォルダー「第3章」
E 3-21 Lesson

変更を保存して実行中のブックを閉じる**「ブックを保存して閉じる」**プロシージャを作成しましょう。

Answer

❶次のようにプロシージャを入力します。
※VBEを起動し、《挿入》→《標準モジュール》をクリックします。

■「ブックを保存して閉じる」プロシージャ

```
1. Sub ブックを保存して閉じる()
2.     ThisWorkbook.Close SaveChanges:=True
3. End Sub
```

■プロシージャの意味

1. 「ブックを保存して閉じる」プロシージャ開始
2. 　　変更を保存して実行中のブックを閉じる
3. プロシージャ終了

※コンパイルを実行し、上書き保存しておきましょう。
※プロシージャの動作を確認します。

Practice

OPEN
フォルダー「第3章」
E 3-21 Practice

変更を保存せずに実行中のブックを閉じる**「ブックを保存せずに閉じる」**プロシージャを作成しましょう。

標準解答

第4章

変数と制御構文

4-1

第4章 変数と制御構文

変数を利用して計算を行うには？

「**変数**」とは、文字列や数値などの変化する値を一時的に格納する箱のようなものです。値を変数に格納すること（「**代入**」といいます）で、プロシージャ内で何度も利用することができます。変数を使用する場合は、「**Dimステートメント**」を使って、プロシージャ内で変数の名前とデータ型を宣言します。

■ Dimステートメント

変数を宣言し、データ型を指定します。

構 文	Dim 変数名 As データ型

例：整数型（Integer）の変数「kakaku」を使用することを宣言する

```
Dim kakaku As Integer
```

※データ型については次節（P.76）で解説しています。

セルに入力されている値を計算で使うには、セルの値を取得して変数へ代入すると便利です。セルの値を取得したり、値を設定したりするには、「**Valueプロパティ**」を使います。

■ Valueプロパティ

セルに入力されている値を返します。また、セルに入力したい値を設定することもできます。

構 文	Rangeオブジェクト.Value

例：セル【B2】に数値「123」の値を設定する

```
Range ("B2") .Value = 123
```

プロシージャでは、算術演算子を使うことができます。計算結果を変数に代入することや、変数同士で計算することなどが可能です。

算術演算子	意味	例
+	2つの数値の和を求める	変数 = 5 + 2
−	2つの数値の差を求める	変数 = 5 − 2
*	2つの数値の積を求める	変数 = 5 * 2
/	2つの数値の商を求める	変数 = 5 / 2 ※変数には「2.5」が代入されます。
¥	2つの数値の商を計算し、結果を整数で返す	変数 = 5 ¥ 2 ※変数には結果「2」が代入されます。
Mod	2つの数値を除算し、その剰余を返す	変数 = 5 Mod 2 ※変数には余り「1」が代入されます。
^	数値のべき乗を求める	変数 = 5 ^ 2

Lesson

OPEN フォルダー「第4章」 4-1 Lesson

変数「teika」にセル【C4】の値、変数「ritu」にセル【D4】の値、変数「waribikigo」に「teika」×（1－「ritu」）の計算結果を代入する**「割引後価格の計算」**プロシージャを作成しましょう。また、変数「waribikigo」の値は、セル【E4】に設定します。

Answer

❶ 次のようにプロシージャを入力します。
※VBEを起動し、《挿入》→《標準モジュール》をクリックします。

■「割引後価格の計算」プロシージャ

```
1. Sub 割引後価格の計算()
2.     Dim teika As Long
3.     Dim ritu As Single
4.     Dim waribikigo As Long
5.     teika = Range("C4").Value
6.     ritu = Range("D4").Value
7.     waribikigo = teika * (1 - ritu)
8.     Range("E4").Value = waribikigo
9. End Sub
```

■ プロシージャの意味

1. 「割引後価格の計算」プロシージャ開始
2. 長整数型の変数「teika」を使用することを宣言
3. 単精度浮動小数点数型の変数「ritu」を使用することを宣言
4. 長整数型の変数「waribikigo」を使用することを宣言
5. 変数「teika」にセル【C4】の値を代入
6. 変数「ritu」にセル【D4】の値を代入
7. 変数「waribikigo」に変数「teika」×（1－変数「ritu」）の計算結果を代入
8. セル【E4】に変数「waribikigo」の値を設定
9. プロシージャ終了

※コンパイルを実行し、上書き保存しておきましょう。
※プロシージャの動作を確認します。

Practice

OPEN フォルダー「第4章」 4-1 Practice

変数「jikan」にセル【B4】と【B5】の合計値を、変数「hoshu」にセル【C4】と【C5】の合計値を代入する**「週次計算」**プロシージャを作成しましょう。また、変数「jikan」の値はセル【B6】に設定し、変数「hoshu」の値はセル【C6】に設定します。

標準解答

75

第4章　変数と制御構文

4-2 定数を利用して計算を行うには？

文字列や数値などの値に名前を付けてプロシージャで使えるようにしたものを「**定数**」といいます。定数は、「**Constステートメント**」を使って宣言します。特定の文字列や数値の代わりに定数を使うことで、わかりやすく修正しやすいプロシージャを作成できます。

■ Constステートメント

定数を宣言し、データ型と値を指定します。

構　文	Const 定数名 As データ型 ＝ 値

例：整数型の定数「tukisuu」を宣言し、数値「12」の値を指定する

Const tukisuu As Integer = 12

変数や定数には、文字列や数値など様々な値の種類を格納できます。格納する値の種類のことを「**データ型**」といい、変数や定数を宣言するときには、変数名とともに格納する値のデータ型も指定することができます。

データ型		使用メモリ	値の範囲
バイト型	Byte	1バイト	0〜255の整数を扱う
ブール型	Boolean	2バイト	真（True）または偽（False）の値を扱う
整数型	Integer	2バイト	−32,768〜32,767の整数を扱う
長整数型	Long	4バイト	−2,147,483,648〜2,147,483,647の整数を扱う
単精度浮動小数点数型	Single	4バイト	小数点を含む数値を扱う
倍精度浮動小数点数型	Double	8バイト	単精度浮動小数点数型よりも大きな桁の小数点を含む数値を扱う
通貨型	Currency	8バイト	−922,337,203,685,477.5808〜922,337,203,685,477.5807の数値を扱う（15桁の整数部分と4桁の小数部分）
日付型	Date	8バイト	日付と時刻を扱う
文字列型	String	文字列の長さ	文字列を扱う
オブジェクト型	Object	4バイト	オブジェクトを扱う
バリアント型	Variant	4バイト（数値）22バイト＋文字列の長さ（文字列）	あらゆる種類の値を扱う

※データ型の宣言を省略した場合は、バリアント型として扱われ、あらゆる種類の値を格納できます。ただし、データ型を指定したときに比べて、メモリを多く使用するため処理が遅くなる可能性があります。

STEP UP データ型と異なる値が代入された場合

宣言したデータ型と異なるタイプの値が代入された場合は、「型が一致しません」というメッセージが表示された実行時エラーが発生します。

Lesson

OPEN フォルダー「第4章」 4-2 Lesson

変数「waribikigo」にセル【E4】の値を、定数「zei」に「0.1」の値を設定し、変数「zeikomi」に「waribikigo」×(1+「zei」)の計算結果を代入する**「税込価格の計算」**プロシージャを作成しましょう。また、変数「zeikomi」の値は、セル【F4】に設定します。

Answer

❶ 次のようにプロシージャを入力します。
※VBEを起動し、《挿入》→《標準モジュール》をクリックします。

■「税込価格の計算」プロシージャ

```
1. Sub 税込価格の計算()
2.     Dim waribikigo As Long
3.     Const zei As Single = 0.1
4.     Dim zeikomi As Long
5.     waribikigo = Range("E4").Value
6.     zeikomi = waribikigo * (1 + zei)
7.     Range("F4").Value = zeikomi
8. End Sub
```

■ プロシージャの意味

1. 「税込価格の計算」プロシージャ開始
2. 長整数型の変数「waribikigo」を使用することを宣言
3. 単精度浮動小数点数型の定数「zei」を使用することを宣言し、数値「0.1」の値を指定
4. 長整数型の変数「zeikomi」を使用することを宣言
5. 変数「waribikigo」にセル【E4】の値を代入
6. 変数「zeikomi」に変数「waribikigo」×(1+定数「zei」)の計算結果を代入
7. セル【F4】に変数「zeikomi」の値を設定
8. プロシージャ終了

※コンパイルを実行し、上書き保存しておきましょう。
※プロシージャの動作を確認します。

Practice

OPEN フォルダー「第4章」 4-2 Practice

定数「jikyu」に「1200」の値を、変数「jikan」にセル【B22】の値を、変数「hosyu」に「jikan」×「jikyu」の計算結果を代入する**「月次計算」**プロシージャを作成しましょう。また、変数「hoshu」の値は、セル【C22】に設定します。

標準解答

77

4-3 条件が成立した場合の処理を指定するには？

第4章 変数と制御構文

条件が成立した場合の処理を指定するには、「If~Thenステートメント」を使います。

■If~Thenステートメント

条件が成立した場合に処理を実行します。

構 文	If 条件 Then
	　　　条件が成立した場合の処理
	End If

※条件が成立した場合の処理は、何行でも記述できます。
※条件が成立した場合の処理が1つの場合、End Ifを省略して「IF 条件 Then 条件が成立した場合の処理」と1行で記述できます。

条件式を設定する場合は、次のような演算子を使います。

①比較演算子

演算子	意味	例
=	等しい	X = 10　（Xは10と等しい）
>	より大きい	X > 10　（Xは10より大きい）
<	より小さい	X < 10　（Xは10より小さい）
>=	以上	X >= 10（Xは10以上）
<=	以下	X <= 10（Xは10以下）
<>	以外	X <> 10（Xは10以外）

②論理演算子

演算子	意味	例
And	~かつ~	X >= 10 And X <= 20　（Xは10以上かつ20以下）
Or	~または~	X <= 10 Or X >= 20　（Xは10以下または20以上）
Not	~以外	Not X = 10　　　　　（Xは10以外）

③&演算子

演算子	意味	例
&	文字列連結	"今日は" & "いい天気"（今日はいい天気）

Lesson

OPEN フォルダー「第4章」 4-3 Lesson

セル【C9】の判定点が「**4点以上**」の場合に「**合格です**」とメッセージを表示する「**合格判定**」プロシージャを作成しましょう。

Answer

❶ 次のようにプロシージャを入力します。
※VBEを起動し、《挿入》→《標準モジュール》をクリックします。

■「合格判定」プロシージャ

```
1. Sub 合格判定()
2.     Dim hantei As Byte
3.     Const kijun As Byte = 4
4.     hantei = Range("C9").Value
5.     If hantei >= kijun Then
6.         MsgBox "合格です"
7.     End If
8. End Sub
```

■ プロシージャの意味

1. 「合格判定」プロシージャ開始
2. 　バイト型の変数「hantei」を使用することを宣言
3. 　バイト型の定数「kijun」を使用することを宣言し、数値「4」の値を指定
4. 　変数「hantei」にセル【C9】の値を代入
5. 　変数「hantei」が定数「kijun」以上の場合は
6. 　　「合格です」のメッセージを表示
7. 　Ifステートメント終了
8. プロシージャ終了

※コンパイルを実行し、上書き保存しておきましょう。
※プロシージャの動作を確認します。
※MsgBox関数については、第5章(P.94)を参照してください。

Practice

OPEN フォルダー「第4章」 4-3 Practice

セル【C12】の総合判定点が「**6点より小さい**」場合に「**改善が必要です**」とメッセージを表示する「**診断結果判定**」プロシージャを作成しましょう。

標準解答

79

4-4 条件の成立・不成立に応じて処理を分岐するには？

「If～Thenステートメント」に「Else」を組み合わせることで、条件が成立した場合の処理のほかに、条件が成立しなかった場合の処理も指定できます。

■If～Then～Elseステートメント

条件が成立した場合と成立しなかった場合に処理を分岐できます。

構文	If 条件 Then
	　　条件が成立した場合の処理
	Else
	　　条件が成立しなかった場合の処理
	End If

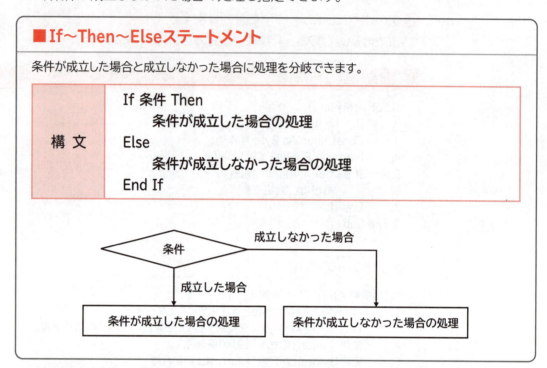

STEP UP　Ifステートメントを記述するときのポイント

Ifステートメントは、「If」で始まる行と「Else」「End If」などの行がセットになっています。これらの行に対し、条件分岐による処理の行を記述するときは、インデント（字下げ）を行うのが一般的です。
インデントにより、条件の分岐先がわかりやすくなるだけでなく、「End If」の記述忘れも防ぐことができます。

例：インデントを行わないIf～Then～Elseステートメント

```
If Range("A1").Value = 10 Then
MsgBox "10です"
Else
MsgBox "10ではありません"
End If
```

例：インデントを行ったIf～Then～Elseステートメント

```
If Range("A1").Value = 10 Then
    MsgBox "10です"
Else
    MsgBox "10ではありません"
End If
```

Lesson

OPEN
フォルダー「第4章」
4-4 Lesson

セル【C9】の判定点が「**4点以上**」の場合に「**合格です**」、それ以外の場合に「**不合格です**」とメッセージを表示する「**合格判定**」プロシージャを作成しましょう。

Answer

❶ 次のようにプロシージャを入力します。
※VBEを起動し、《挿入》→《標準モジュール》をクリックします。

■「合格判定」プロシージャ

```
1.Sub 合格判定()
2.    Dim hantei As Byte
3.    Const kijun As Byte = 4
4.    hantei = Range("C9").Value
5.    If hantei >= kijun Then
6.        MsgBox "合格です"
7.    Else
8.        MsgBox "不合格です"
9.    End If
10.End Sub
```

■ プロシージャの意味

1. 「合格判定」プロシージャ開始
2.   バイト型の変数「hantei」を使用することを宣言
3.   バイト型の定数「kijun」を使用することを宣言し、数値「4」の値を指定
4.   変数「hantei」にセル【C9】の値を代入
5.   変数「hantei」が定数「kijun」以上の場合は
6.   「合格です」のメッセージを表示
7.   それ以外の場合は
8.   「不合格です」のメッセージを表示
9.   Ifステートメント終了
10. プロシージャ終了

※コンパイルを実行し、上書き保存しておきましょう。
※プロシージャの動作を確認します。

Practice

OPEN
フォルダー「第4章」
4-4 Practice

セル【C12】の総合判定点が「**6点より大きい**」場合に「**健康です**」、それ以外の場合に「**改善が必要です**」とメッセージを表示する「**診断結果判定**」プロシージャを作成しましょう。

標準解答

4-5 条件が複数ある場合の処理を指定するには？

第4章　変数と制御構文

条件が複数ある場合、「If～Then～Else」ステートメントに「ElseIf」を組み合わせることで、条件が成立しなかったときに、さらに条件を追加できます。

■If～Then～ElseIfステートメント

条件が複数ある場合に、それぞれの条件に応じて別の処理を実行できます。

構文	If 条件1 Then
	　　条件1が成立した場合の処理
	ElseIf 条件2 Then
	　　条件2が成立した場合の処理
	Else
	　　条件1と条件2が成立しなかった場合の処理
	End If

※Else以下の処理は省略できます。

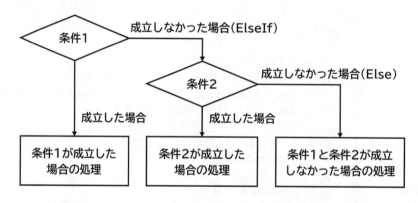

STEP UP 複数の条件を組み合わせて指定するには？

1つのIfステートメントの中に複数の条件を組み合わせて指定する場合は、複数の条件を「And」や「Or」などの論理演算子でつなぎます。

例：セル【A1】とセル【B1】がともに「80以上」のとき、「合格です」とメッセージを表示する

```
If Range ("A1").Value >= 80 And Range ("B1").Value >= 80 Then
    MsgBox "合格です"
End If
```

Lesson

OPEN フォルダー「第4章」 4-5 Lesson

セル【C9】の判定点が「4点以上」の場合に「**合格です**」、「2点以上」の場合に「**追試です**」、「2点未満」の場合に「**不合格です**」とメッセージを表示する「**合格判定**」プロシージャを作成しましょう。

Answer

❶ 次のようにプロシージャを入力します。

※VBEを起動し、《挿入》→《標準モジュール》をクリックします。

■「合格判定」プロシージャ

```
1.Sub 合格判定()
2.    Dim hantei As Byte
3.    Const kijun As Byte = 4
4.    Const kijun2 As Byte = 2
5.    hantei = Range("C9").Value
6.    If hantei >= kijun Then
7.        MsgBox "合格です"
8.    ElseIf hantei >= kijun2 Then
9.        MsgBox "追試です"
10.   Else
11.       MsgBox "不合格です"
12.   End If
13.End Sub
```

■プロシージャの意味

1. 「合格判定」プロシージャ開始
2. 　バイト型の変数「hantei」を使用することを宣言
3. 　バイト型の定数「kijun」を使用することを宣言し、数値「4」の値を指定
4. 　バイト型の定数「kijun2」を使用することを宣言し、数値「2」の値を指定
5. 　変数「hantei」にセル【C9】の値を代入
6. 　変数「hantei」が定数「kijun」以上の場合は
7. 　　「合格です」のメッセージを表示
8. 　変数「hantei」が定数「kijun2」以上の場合は
9. 　　「追試です」のメッセージを表示
10. 　それ以外の場合は
11. 　　「不合格です」のメッセージを表示
12. 　Ifステートメント終了
13. プロシージャ終了

※コンパイルを実行し、上書き保存しておきましょう。
※プロシージャの動作を確認します。

Practice

OPEN
フォルダー「第4章」
E 4-5 Practice

セル【C12】の総合判定点が「**6点より大きい**」場合に「**健康です**」、「**2点より大きい**」場合に「**改善が必要です**」、それ以外の場合に「**再検査が必要です**」とメッセージを表示する「**診断結果判定**」プロシージャを作成しましょう。

標準解答

第4章　変数と制御構文

4-6 条件が多い場合に処理を分岐するには?

処理の分岐が多くなる場合は、「Select~Caseステートメント」を使用すると記述が簡潔で
わかりやすくなります。実行するコードが少ない分、処理速度も向上します。

■Select~Caseステートメント

条件をチェックし、Caseの中で条件に一致すると処理を実行します。条件に一致する処理を実行し
た時点で終了します。

構　文	Select Case 条件 　　Case 条件A 　　　処理A 　　Case 条件B 　　　処理B 　　Case 条件C 　　　処理C 　　Case Else 　　　処理D End Select

※Case Elseには、いずれの条件とも一致しない場合の処理を記述します。Case Elseは省略できます。

STEP UP　連続した値の条件指定

Select~Caseステートメントで「100」~「200」などの連続した値を条件にする場合は、「値 To 値」で条件を指
定します。
また、「~以上」、「~以下」などの条件にする場合は、比較演算子を使います。比較演算子を使う場合は「Is」と
組み合わせて記述します。

例:条件の値が「100」~「200」のとき

```
Case 100 To 200
```

例:条件の値が「100」以上のとき

```
Case Is >= 100
```

Lesson

OPEN

フォルダー「第4章」
E 4-6 Lesson

セル【B4】のステータスコードに対応する進捗状況を、「**未着手です**」のようにメッセージに表
示する「**ステータス表示**」プロシージャを作成しましょう。なお、ステータスコードとその進捗
状況は、セル範囲【D3:E7】をもとにします。いずれの条件とも一致しない場合は、「**無効な
ステータスコードです**」と表示します。

> Answer

❶ 次のようにプロシージャを入力します。
※VBEを起動し、《挿入》→《標準モジュール》をクリックします。

■「ステータス表示」プロシージャ

```
1.Sub ステータス表示()
2.    Dim status As String
3.    Select Case Range("B4").Value
4.        Case 1
5.            status = "未着手です"
6.        Case 2
7.            status = "進行中です"
8.        Case 3
9.            status = "保留中です"
10.       Case 4
11.           status = "完了しました"
12.       Case Else
13.           status = "無効なステータスコードです"
14.   End Select
15.   MsgBox status
16.End Sub
```

■プロシージャの意味

1.「ステータス表示」プロシージャ開始
2.　　文字列型の変数「status」を使用することを宣言
3.　　セル【B4】の値が
4.　　　　「1」の場合は
5.　　　　　　変数「status」に「未着手です」を代入
6.　　　　「2」の場合は
7.　　　　　　変数「status」に「進行中です」を代入
8.　　　　「3」の場合は
9.　　　　　　変数「status」に「保留中です」を代入
10.　　　「4」の場合は
11.　　　　　変数「status」に「完了しました」を代入
12.　　　それ以外の場合は
13.　　　　　変数「status」に「無効なステータスコードです」を代入
14.　　Select Caseステートメント終了
15.　　変数「status」の値をメッセージで表示
16.プロシージャ終了

※コンパイルを実行し、上書き保存しておきましょう。
※プロシージャの動作を確認します。さらに、セル【B4】の値を変更して確認してみましょう。

> Practice

OPEN
フォルダー「第4章」
E 4-6 Practice

セル【F3】の年齢に対応する料金種別を、「**幼児の料金です**」のようにメッセージに表示する「**料金種別表示**」プロシージャを作成しましょう。なお、年齢とその料金種別は、セル範囲【A3:C7】をもとにします。いずれの条件とも一致しない場合は、「**設定されていない種別の料金です**」と表示します。

標準解答

85

4-7 指定した回数だけ処理を繰り返すには？

第4章　変数と制御構文

指定した回数分の処理を繰り返すには、「For～Nextステートメント」を使います。

■For～Nextステートメント

For～Nextステートメントでは、繰り返し処理をカウントするための「カウンタ変数」を使います。カウンタ変数に初期値から最終値まで代入される間、処理を繰り返します。増減値によってカウンタ変数の値が変化し、最終値を超えると処理が終了します。

構 文	For カウンタ変数 = 初期値 To 最終値 Step 増減値 　　　処理 Next カウンタ変数

※「Step 増減値」は省略できます。「Step 増減値」を省略した場合は、自動的にカウンタ変数の値が1ずつ加算されます。
※Nextの後ろの「カウンタ変数」は省略できます。
※Stepには負の数も指定できます。

例：カウンタ変数「i」が「1」から「1」ずつ増加し、「10」になるまで処理を繰り返す

```
For i = 1 To 10
```

例：カウンタ変数「i」が「50」から「5」ずつ減少し、「10」になるまで処理を繰り返す

```
For i = 50 To 10 Step -5
```

カウンタ変数はほかの変数と同様に宣言します。一般的にアルファベットの「i」や「n」などが変数名に使われることが多く、データ型を指定する場合は整数型（Integer）として定義します。

例：変数「i」をカウンタ変数として整数型で指定する

```
Dim i As Integer
```

STEP UP　Exit Forステートメント

繰り返し処理の途中で抜け出す場合には、「Exit Forステートメント」を使います。

■Exit Forステートメント

For～Nextステートメントを抜け出します。

構 文	Exit For

例：セル【A1】から変数「i」の行数分下に移動したセルの値が空文字（「""」）の場合は、For～Nextステートメントを抜け出す

```
For i = 1 To 10
    If Range ("A1").Offset (i, 0).Value = "" Then Exit For
    Range ("A1").Offset (i, 0).Font.Color = vbRed
Next
```

Lesson

OPEN フォルダー「第4章」 4-7 Lesson

繰り返し処理を使って、商品の型番をセル範囲【A4:A13】に設定する**「型番付番」**プロシージャを作成しましょう。型番は「M-001」「M-002」のように、「M-」＋先頭を0で埋めた3桁の連番を設定します。

Answer

❶次のようにプロシージャを入力します。
※VBEを起動し、《挿入》→《標準モジュール》をクリックします。

■「型番付番」プロシージャ

```
1. Sub 型番付番()
2.    Dim i As Integer
3.    Dim kataban As String
4.    For i = 1 To 10
5.        kataban = "M-" & Format(i, "000")
6.        Range("A3").Offset(i, 0).Value = kataban
7.    Next
8. End Sub
```

■プロシージャの意味

1. 「型番付番」プロシージャ開始
2. 整数型の変数「i」を使用することを宣言
3. 文字列型の変数「kataban」を使用することを宣言
4. 変数「i」が「1」から「10」になるまで次の行以降の処理を繰り返す
5. 変数「kataban」に、「M-」と変数「i」を表示形式「000」に変換した値を連結して代入
6. セル【A3】から変数「i」の行数分下に移動したセルに、変数「kataban」の値を設定
7. 変数「i」に変数「i」＋「1」の結果を代入し、4行目に戻る
8. プロシージャ終了

※コンパイルを実行し、上書き保存しておきましょう。
※プロシージャの動作を確認します。
※Format関数については、第5章(P.110)で解説しています。

Practice

OPEN フォルダー「第4章」 4-7 Practice

繰り返し処理を使って、お客様の顧客番号をセル範囲【A4:A18】に設定する**「顧客番号付番」**プロシージャを作成しましょう。顧客番号は「50001」「50002」のように、「5」＋先頭を0で埋めた4桁の連番を設定します。

標準解答

第4章　変数と制御構文

4-8 コレクション内に対して処理を繰り返すには？

「**コレクション**」とは、同じ種類のオブジェクトの集合体のことです。コレクション内のすべての
オブジェクトに対し、順番に繰り返して処理を行うには、「**For Each～Nextステートメント**」を
使用します。

■ For Each～Nextステートメント

コレクション内のすべてのオブジェクトに対して処理を繰り返します。

構　文	For Each オブジェクト変数 In コレクション 　　オブジェクトに対する処理 Next オブジェクト変数

※Nextの後ろの「オブジェクト変数」は省略できます。

例：セル範囲【D9：H12】の各セルへの参照をオブジェクト変数「Myrange」に代入し、すべてのセルの値
　　を2倍にする処理を繰り返す

```
For Each Myrange In Range ("D9：H12")
    Myrange.Value = Myrange.Value ＊ 2
Next Myrange
```

For Each～Nextステートメントでは、コレクション内のすべてのオブジェクトへの参照を順番
に代入する処理を行うため、「**オブジェクト変数**」が必要です。オブジェクト変数とは、オブジェ
クトを参照できる変数のことです。オブジェクト変数を使うことで、オブジェクトと同じように
プロパティやメソッドが使えます。

オブジェクト変数を使用するときは、ほかの変数と同様に、事前に宣言をしておく必要があ
ります。

例：Range型のオブジェクト変数「Myrange」を宣言する

```
Dim Myrange As Range
```

STEP UP 処理される順番

例えば、セル範囲【D9：H12】のすべてのセルに対して処理を繰り返す場合、最初にセル範囲の左上端のセル
【D9】が処理され、次にセル【E9】、セル【F9】、・・・のように右方向へ処理されます。セル【H9】まで処理するとセ
ル【D10】が処理され、また右方向へ処理が進みます。最後に、セル範囲の右下端のセル【H12】が処理される
と、For Each～Nextステートメントが終了します。

88

Lesson

OPEN
フォルダー「第4章」
E 4-8 Lesson

繰り返し処理を使って、セル範囲【B4：C23】のすべてのセルに設定されている書式をクリアする「**書式クリア**」プロシージャを作成しましょう。

Answer

❶ 次のようにプロシージャを入力します。
※VBEを起動し、《挿入》→《標準モジュール》をクリックします。

■「書式クリア」プロシージャ

```
1. Sub 書式クリア ()
2.      Dim hani As Range
3.      For Each hani In Range ("B4：C23")
4.          hani.ClearFormats
5.      Next hani
6. End Sub
```

■ プロシージャの意味

```
1.「書式クリア」プロシージャ開始
2.      Range型のオブジェクト変数「hani」を使用することを宣言
3.      セル範囲【B4：C23】のすべてのセルに対して処理を繰り返す
4.          オブジェクト変数「hani」が参照するセルの書式をクリア
5.      オブジェクト変数「hani」に次のセルへの参照を代入し、3行目に戻る
6. プロシージャ終了
```

※コンパイルを実行し、上書き保存しておきましょう。
※プロシージャの動作を確認します。

STEP UP ClearFormatsメソッド

セルの書式をクリアするには、「ClearFormatsメソッド」を使います。

■ ClearFormatsメソッド

セルの書式をクリアします。

構 文	Rangeオブジェクト.ClearFormats

Practice

OPEN
フォルダー「第4章」
E 4-8 Practice

標準解答

繰り返し処理を使って、セル範囲【D4：D13】のすべてのセルに、定価の20％割引後の価格を設定する「**割引後価格の計算**」プロシージャを作成しましょう。

89

第4章 変数と制御構文

4-9 条件が成立している間、処理を繰り返すには?

指定した条件が真 (True) の間、処理を繰り返したいときは、「**Do While〜Loopステートメント**」を使います。最初に条件を判断するので、開始時に条件が成立しない場合は、一度も処理を実行しないまま終了します。

■ Do While〜Loopステートメント

条件が成立している間、処理を繰り返します。最初に条件を判断します。

構 文	Do While 条件 　　　処理 Loop

例：アクティブセルが空白でない間、フォントの色を青にし、1列右のセルにアクティブセルを移動する

```
Do While ActiveCell.Value <> ""
    ActiveCell.Font.Color = vbBlue
    ActiveCell.Offset (0, 1).Select
Loop
```

Do While〜Loopステートメントに似た制御として、「**Do〜Loop Whileステートメント**」があります。どちらも条件が成立している間に処理を繰り返しますが、Do〜Loop Whileステートメントは最後に条件を判断するため、開始時に条件が成立しない場合でも、最低1回は処理を実行します。

■ Do〜Loop Whileステートメント

条件が成立している間、処理を繰り返します。最後に条件を判断します。

構 文	Do 　　　処理 Loop While 条件

例：アクティブセルが空白でない間、フォントの色を青にし、1列右のセルにアクティブセルを移動する

```
Do
    ActiveCell.Font.Color = vbBlue
    ActiveCell.Offset (0, 1).Select
Loop While ActiveCell.Value <> ""
```

STEP UP 条件が成立するまで処理を繰り返すステートメント

指定した条件が真（True）になるまで処理を繰り返したい場合は、「Do Until～Loopステートメント」を使います。
最初に条件を判断するので、開始時に条件が成立しない場合は、一度も処理を実行しないまま終了します。
Do Until～Loopステートメントに似た制御として、「Do～Loop Untilステートメント」があります。どちらも条件が
成立するまで処理を繰り返しますが、Do～Loop Untilステートメントは最後に条件を判断するため、開始時に条
件が成立しない場合でも、最低1回は処理を実行します。

■Do Until～Loopステートメント

条件が成立するまで、処理を繰り返します。最初に条件を判断します。

構 文	Do Until 条件 　　処理 Loop

例：アクティブセルが空白になるまで、フォントの色を青にし、1列右のセルにアクティブセルを移動する

```
Do Until ActiveCell.Value = ""
    ActiveCell.Font.Color = vbBlue
    ActiveCell.Offset (0, 1) .Select
Loop
```

■Do～Loop Untilステートメント

条件が成立するまで、処理を繰り返します。最後に条件を判断します。

構 文	Do 　　処理 Loop Until 条件

例：アクティブセルが空白になるまで、フォントの色を青にし、1列右のセルにアクティブセルを移動する

```
Do
    ActiveCell.Font.Color = vbBlue
    ActiveCell.Offset (0, 1) .Select
Loop Until ActiveCell.Value = ""
```

STEP UP 無限ループ

Do While～Loopステートメント、Do～Loop Whileステートメント、Do Until～Loopステートメント、Do～Loop
Untilステートメントは、For～Nextステートメントのように処理の実行回数が決まっていないため、終了するため
の条件が成立しないと永久に処理を繰り返すことになります。これを「無限ループ」といいます。無限ループにな
らないように、留意しましょう。
もし、無限ループになった場合は、 Ctrl ＋ Pause Break でプロシージャを強制中断できます。
キーボードに Pause Break がない場合は、お使いのパソコンのキーボードの割りあてを確認してください。

Lesson

OPEN フォルダー「第4章」 4-9 Lesson

セル【A4】から順に1行下のセルを参照し、セルの値が空白でない間、9月の売上額を「0」に設定する**「売上額クリア」**プロシージャを作成しましょう。

Answer

❶ 次のようにプロシージャを入力します。
※VBEを起動し、《挿入》→《標準モジュール》をクリックします。

■「売上額クリア」プロシージャ

```
1. Sub 売上額クリア()
2.     Dim i As Integer
3.     i = 0
4.     Do While Range("A4").Offset(i, 0).Value <> ""
5.         Range("A4").Offset(i, 6).Value = 0
6.         i = i + 1
7.     Loop
8. End Sub
```

■ プロシージャの意味

1. 「売上額クリア」プロシージャ開始
2. 　　整数型の変数「i」を使用することを宣言
3. 　　変数「i」に「0」を代入
4. 　　セル【A4】から変数「i」の行数分下に移動したセルの値が空白でない間は、次の行以降の処理を繰り返す
5. 　　　　セル【A4】から変数「i」の行数分下に、6列右に移動したセルの値を「0」に設定
6. 　　　　変数「i」に変数「i」＋1の結果を代入
7. 　　4行目に戻る
8. プロシージャ終了

※コンパイルを実行し、上書き保存しておきましょう。
※プロシージャの動作を確認します。

Practice

OPEN フォルダー「第4章」 4-9 Practice

セル【A4】から順に1行下のセルを参照し、セルが空白でない間は、本店の在庫数のフォントの色を**「赤」**にする**「本店文字色の変更」**プロシージャを作成しましょう。なお、ここではセル【A4】の値が空白であっても処理が実行できるように、条件は最後に判断します。

標準解答

第 **5** 章

関数の利用

5-1 メッセージボックスを表示するには？

「**関数**」とは、特定の処理をするために用意された命令です。関数を使うと、メッセージボックスにメッセージを表示したり、文字列からスペースを取り除いて表示したり、日付や時刻を求めたりできます。VBAには、多くの関数が用意されています。関数は、引数として渡された文字列や数値などの値を演算して、その結果を「**戻り値**」として返します。戻り値は変数などに代入して取得します。

構　文	変数 ＝ 関数名（引数1, 引数2, …）

戻り値を取得する場合は、引数を括弧で囲む必要があります。一方で、戻り値を取得しない場合は、引数を括弧で囲む必要はありません。

●戻り値を取得する

例：メッセージボックスを表示し、《はい》と《いいえ》のうちクリックされたボタンを変数　　「botan」に代入する

```
botan = MsgBox ("今日はよい天気ですか?", vbYesNo)
```

●戻り値を取得しない

例：メッセージボックスを表示する

```
MsgBox "今日はよい天気です。"
```

メッセージボックスにメッセージを表示するには、「**MsgBox関数**」を使います。

■MsgBox関数

メッセージボックスにメッセージを表示します。

構　文	MsgBox（Prompt, Buttons, Title）

引数Promptには表示するメッセージを指定し、引数Buttonsにはボタンやアイコンの種類を指定し、引数Titleにはタイトルを指定します。

※引数Buttonsは省略できます。省略した場合は、《OK》ボタンだけが表示されます。
※引数Titleは省略できます。省略した場合は、《Microsoft Excel》と表示されます。

例：引数を設定したメッセージボックスを表示する

```
MsgBox "上書き保存しますか?", vbYesNo, "確認"
```

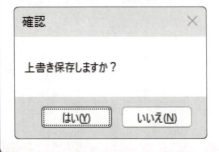

●引数Buttonsに指定できる主な定数

定数	内容	値
vbOKOnly	《OK》を表示	0
vbOKCancel	《OK》と《キャンセル》を表示	1
vbYesNo	《はい》と《いいえ》を表示	4

STEP UP　MsgBoxの戻り値

MsgBox関数では、《OK》や《キャンセル》などのボタンをクリックしたときに、クリックされたボタンに応じた値を「戻り値」として返します。

ボタン	定数	戻り値
《OK》	vbOK	1
《キャンセル》	vbCancel	2
《はい》	vbYes	6
《いいえ》	vbNo	7

Lesson

OPEN　フォルダー「第5章」　5-1 Lesson

メッセージボックスに「**ようこそ**」と表示する「**メッセージボックスの表示**」プロシージャを作成しましょう。

Answer

❶ 次のようにプロシージャを入力します。
※VBEを起動し、《挿入》→《標準モジュール》をクリックします。

■「メッセージボックスの表示」プロシージャ

```
1. Sub メッセージボックスの表示()
2.     MsgBox "ようこそ"
3. End Sub
```

■ プロシージャの意味

```
1.「メッセージボックスの表示」プロシージャ開始
2.    「ようこそ」のメッセージを表示
3. プロシージャ終了
```

※コンパイルを実行し、上書き保存しておきましょう。
※プロシージャの動作を確認します。

Practice

OPEN　フォルダー「第5章」　5-1 Practice

標準解答

メッセージボックスに、メッセージ「**どちらかを選択してください。**」、ボタンに《**はい**》と《**いいえ**》、タイトルに「**選択画面**」と表示する「**メッセージボックスの表示選択**」プロシージャを作成しましょう。
メッセージボックスのボタンの《はい》をクリックした場合は、「《**はい**》**が選択されました。**」、《いいえ》をクリックした場合は、「《**いいえ**》**が選択されました。**」とメッセージボックスを表示させます。

5-2 現在の日付や時刻を表示するには？

第5章　関数の利用

現在の日付を求めるには「Date関数」を、現在の時刻を求めるには「Time関数」を、現在の日付と時刻を求めるには「Now関数」を使います。

■ Date関数

現在の日付を返します。

構　文	Date

「Date」のように引数がない関数の場合は、そのまま関数名を記述します。なお、「Date（ ）」と空の括弧を付ける必要はありません。

例：セル【A1】に、現在の日付を表示する

```
Range ("A1") .Value = Date
```

■ Time関数

現在の時刻を返します。

構　文	Time

例：セル【A2】に、現在の時刻を表示する

```
Range ("A2") .Value = Time
```

■ Now関数

現在の日付と時刻を返します。

構　文	Now

例：セル【A3】に、現在の日付と時刻を表示する

```
Range ("A3") .Value = Now
```

STEP UP　Excelの表示形式

Date関数などで求めた日付や時刻の値をセルに入力した場合、もともとセルに設定されている表示形式で値が表示されます。そのため、表示形式に「文字列」や「数値」など、「日付」とは異なる表示形式が設定されていると、値が正しく表示されません。セルに適切な表示形式を設定しておくようにしましょう。なお、MsgBox関数で表示した場合は、パソコンのシステムに設定されている表示形式で表示されます。

Lesson

Date関数とTime関数を使って、メッセージボックスに現在の日付と時刻を表示する**「現在の日付と時刻の表示」**プロシージャを作成しましょう。メッセージは**「本日の日付は、2024/10/01です。現在の時刻は、12：00：00です。」**のように表示します。

OPEN フォルダー「第5章」 5-2 Lesson

Answer

❶ 次のようにプロシージャを入力します。
※VBEを起動し、《挿入》→《標準モジュール》をクリックします。

■「現在の日付と時刻の表示」プロシージャ

1. Sub 現在の日付と時刻の表示 ()
2. 　　MsgBox "本日の日付は、" & Date & "です。現在の時刻は、" & Time & "です。"
3. End Sub

■ プロシージャの意味

1. 「現在の日付と時刻の表示」プロシージャ開始
2. 　　現在の日付と時刻を他の文字列と連結してメッセージを表示
3. プロシージャ終了

※コンパイルを実行し、上書き保存しておきましょう。
※プロシージャの動作を確認します。

STEP UP 変数や関数と文字列との連結

ExcelVBAでは「&」演算子を使って文字列を結合します。変数や関数を文字列と組み合わせて記述する場合、それぞれを「&」で連結することで、変数や関数が文字列に自動変換されて結合されます。

例：「鈴木」という文字列を代入した変数nameと、文字列「さん、おはようございます。」を結合して表示する

MsgBox name & "さん、おはようございます。"　→鈴木さん、おはようございます。

Practice

OPEN フォルダー「第5章」 5-2 Practice

Now関数を使って、メッセージボックスに現在の日付と時刻を表示する**「現在の日付と時刻の表示」**プロシージャを作成しましょう。メッセージは**「現在の日付と時刻は、2024/10/01 12：00：00です。」**のように表示します。

標準解答

5-3 特定の文字列を別の文字列に置換するには？

第5章 関数の利用

指定した文字列の中の特定の文字列を、別の文字列に置換するには**「Replace関数」**を使います。Replace関数は、置換後の文字列を返します。

■ Replace関数

特定の文字列を別の文字列に置換します。すべての引数は省略できません。

構 文	Replace (Expression, Find, Replace)

引数	内容
Expression	置換の対象となる文字列を指定
Find	検索する文字列を指定
Replace	置換後の文字列を指定

※引数に指定した文字列の全角・半角や大文字・小文字は区別して判定します。

例：文字列「Excelマクロ」内の文字列「マクロ」を文字列「VBA」に置換する

```
Replace ("Excelマクロ","マクロ","VBA")   →ExcelVBA
```

例：文字列「Excelマクロ」内の文字列「マクロ」を空文字にする

```
Replace ("Excelマクロ","マクロ","")   →Excel
```

STEP UP 文字列内のスペースを削除

Replace関数を使用すれば、スペースを空文字（「""」）に置換することで、対象とする文字列内のスペースをすべて削除できます。また、対象とする文字列内の前後にあるスペースだけを削除するには、「Trim関数」を使います。

例：文字列「□Excel□VBA□」の全角スペースをすべて削除する

```
Replace ("□Excel□VBA□", "□", "")   →ExcelVBA
```

※□はスペースを意味します。

■ Trim関数

文字列から先頭と末尾のスペースを削除したあとの文字列を返します。

構 文	Trim (String)

引数Stringには、文字列を指定します。

例：文字列「□Excel□VBA□」から先頭と末尾のスペースを削除する

```
Trim ("□Excel□VBA□")   →Excel□VBA
```

※□はスペースを意味します。

Lesson

OPEN
フォルダー「第5章」
E 5-3 Lesson

セル範囲【B3:B22】にある文字列内の「(株)」を「株式会社」に置換する**「表記の統一」**プロシージャを作成しましょう。

Answer

❶ 次のようにプロシージャを入力します。
※VBEを起動し、《挿入》→《標準モジュール》をクリックします。

■ 「表記の統一」プロシージャ

1. Sub 表記の統一()
2. 　　Dim Myrange As Range
3. 　　For Each Myrange In Range("B3:B22")
4. 　　　　Myrange.Value = Replace(Myrange.Value, "(株)", "株式会社")
5. 　　Next Myrange
6. End Sub

■ プロシージャの意味

1. 「表記の統一」プロシージャ開始
2. 　　Range型のオブジェクト変数「Myrange」を使用することを宣言
3. 　　セル範囲【B3:B22】のすべてのセルに対して処理を繰り返す
4. 　　　　オブジェクト変数「Myrange」が参照するセルに、セルの文字列内の「(株)」を「株式会社」に置換した文字列を代入
5. 　　オブジェクト変数「Myrange」に次のセルへの参照を代入し、3行目に戻る
6. プロシージャ終了

※コンパイルを実行し、上書き保存しておきましょう。
※プロシージャの動作を確認します。

Practice

OPEN
フォルダー「第5章」
E 5-3 Practice

セル範囲【D3:D22】にある文字列内の「Michael Brown」を「Sophia Clark」に置換する**「講師名の変更」**プロシージャを作成しましょう。

標準解答

5-4

第5章 関数の利用

文字列から一部を取り出すには？

第5章 関数の利用

文字列の一部を取り出すには、「Left関数」「Right関数」「Mid関数」を使います。

■ Left関数

指定した文字数分の文字列を左端から取り出します。

構 文	Left（String, Length）

引数Stringには「取り出す文字を含む文字列」を、引数Lengthには「取り出す文字数」を指定します。

例：文字列「ExcelVBAプログラミング」の左端から5文字を取り出す

Left（"ExcelVBAプログラミング",5) →Excel

■ Right関数

指定した文字数分の文字列を右端から取り出します。

構 文	Right（String, Length）

例：文字列「ExcelVBAプログラミング」の右端から7文字を取り出す

Right（"ExcelVBAプログラミング",7) →プログラミング

■ Mid関数

指定した文字数分の文字列を指定した位置から取り出します。

構 文	Mid（String, Start, Length）

引数Startには、開始位置を指定します。

※引数Lengthは省略できます。省略した場合は、引数Startで指定した位置から右側のすべての文字列が返されます。

例：文字列「ExcelVBAプログラミング」の6文字目から右側のすべての文字列を取り出す

Mid（"ExcelVBAプログラミング",6) →VBAプログラミング

Lesson

OPEN

フォルダー「第5章」
E 5-4 Lesson

セル範囲【C3:C22】にある文字列を全角スペースの位置で分割し、それぞれを「D列」と「E列」に入力する「**姓名の分割入力**」プロシージャを作成しましょう。

Answer

❶ 次のようにプロシージャを入力します。

※VBEを起動し、《挿入》→《標準モジュール》をクリックします。

■「姓名の分割入力」プロシージャ

1. Sub 姓名の分割入力()
2. 　　Dim Myrange As Range
3. 　　Dim Iti As Byte
4. 　　For Each Myrange In Range("C3:C22")
5. 　　　　Iti = InStr(1, Myrange.Value, "　")
6. 　　　　Myrange.Offset(0, 1).Value = Left(Myrange.Value, Iti - 1)
7. 　　　　Myrange.Offset(0, 2).Value = Mid(Myrange.Value, Iti + 1)
8. 　　Next Myrange
9. End Sub

■プロシージャの意味

1. 「姓名の分割入力」プロシージャ開始
2. 　　Range型のオブジェクト変数「Myrange」を使用することを宣言
3. 　　バイト型の変数「Iti」を使用することを宣言
4. 　　セル範囲【C3:C22】のすべてのセルに対して処理を繰り返す
5. 　　　　変数「Iti」に、セルの文字列から検索した全角スペースの位置を代入
6. 　　　　1列右のセルに、セルの文字列から変数「Iti」－1文字分を左端から取り出し入力
7. 　　　　2列右のセルに、セルの文字列から変数「Iti」＋1文字目から右側のすべての文字列を取り出し入力
8. 　　オブジェクト変数「Myrange」に次のセルへの参照を代入し、4行目に戻る
9. プロシージャ終了

※コンパイルを実行し、上書き保存しておきましょう。
※プロシージャの動作を確認します。

STEP UP　InStr関数

指定した文字列の中から、特定の文字列を検索するには「InStr関数」を使います。

■InStr関数

特定の文字列を検索して、その位置を返します。

| 構文 | InStr(Start, String1, String2) |

引数String1には「検索対象の文字列」を、引数String2には「検索する文字列」を指定します。

※引数Startには「検索の開始位置」を指定します。なお、省略することができ、省略した場合は先頭から検索されます。

Practice

OPEN
フォルダー「第5章」
5-4 Practice

セル範囲【A3:A22】にある文字列をハイフンの位置で分割し、それぞれ「F列」、「G列」、「H列」に表示する「番号の分割入力」プロシージャを作成しましょう。

標準解答

101

第5章 関数の利用

5-5 文字列を指定の種類に変換するには?

文字列の大文字・小文字やひらがな・カタカナを変換するには、「**StrConv関数**」を使います。
StrConv関数は、指定した種類に変換した文字列を返します。

■ StrConv関数

文字列を指定した種類に変換します。

構 文	StrConv (String, Conversion)

引数	内容	省略
String	変換する文字列を指定	省略できない
Conversion	変換の種類を指定	省略できない

●引数Conversionに指定できる主な定数

定数	内容
vbUpperCase	文字列内の英字を大文字に変換
vbLowerCase	文字列内の英字を小文字に変換
vbProperCase	文字列内の各単語の先頭を大文字に変換
vbWide	文字列内の半角文字を全角文字に変換
vbNarrow	文字列内の全角文字を半角文字に変換
vbKatakana	文字列内のひらがなをカタカナに変換
vbHiragana	文字列内のカタカナをひらがなに変換

例：文字列「excelvba」を大文字に変換する

StrConv ("excelvba", vbUpperCase) →EXCELVBA

STEP UP 変換の種類を複数指定する

引数Conversionに指定する変換の種類は、「+」で連結して記述することで複数の種類を指定できます。

例：文字列「excelvba」を大文字かつ全角文字に変換する

StrConv ("excelvba", vbUpperCase + vbWide) → EXCELVBA

Lesson

セル範囲【F2:F22】内にあるひらがなの文字列を、カタカナに変換する「**カタカナに変換**」プロシージャを作成しましょう。

Answer

❶ 次のようにプロシージャを入力します。
※VBEを起動し、《挿入》→《標準モジュール》をクリックします。

■「カタカナに変換」プロシージャ

1. Sub カタカナに変換()
2. 　　Dim Myrange As Range
3. 　　For Each Myrange In Range("F2:F22")
4. 　　　　Myrange.Value = StrConv(Myrange.Value, vbKatakana)
5. 　　Next Myrange
6. End Sub

■ プロシージャの意味

1. 「カタカナに変換」プロシージャ開始
2. 　　Range型のオブジェクト変数「Myrange」を使用することを宣言
3. 　　セル範囲【F2:F22】のすべてのセルに対して処理を繰り返す
4. 　　　　オブジェクト変数「Myrange」が参照するセルに、セルの文字列をカタカナに変換した文字列を入力
5. 　　オブジェクト変数「Myrange」に次のセルへの参照を代入し、3行目に戻る
6. プロシージャ終了

※コンパイルを実行し、上書き保存しておきましょう。
※プロシージャの動作を確認します。

Practice

セル範囲【C3:C22】にある文字列の先頭を大文字、それ以降を小文字に変換する「**プラン名の表記統一**」プロシージャを作成しましょう。

5-6 第5章 関数の利用
日付から年月日を取り出すには？

日付から年、月、日を取り出すには、それぞれ「Year関数」「Month関数」「Day関数」を使います。

■ Year関数

指定した日付の年を表す値を返します。

構 文	Year（Date）

引数Dateには、日付を指定します。

例：2024年11月10日から年を取り出す

Year（"2024/11/10"）　→2024

■ Month関数

指定した日付の月を表す値を返します。

構 文	Month（Date）

例：2024年11月10日から月を取り出す

Month（"2024/11/10"）　→11

■ Day関数

指定した日付の日を表す値を返します。

構 文	Day（Date）

例：2024年11月10日から日を取り出す

Day（"2024/11/10"）　→10

STEP UP　年月日から日付を求める

指定した年、月、日から日付を求めるには、「DateSerial関数」を使います。

■ DateSerial関数

指定した年、月、日から日付を返します。

構 文	DateSerial（Year, Month, Day）

※返された日付に対して、1加算すると翌日の日付を、1減算すると前日の日付を返します。

Lesson

OPEN フォルダー「第5章」 5-6 Lesson

セル【G3】の日付から年、月、日を取り出してメッセージボックスに表示する**「誕生日の表示」**プロシージャを作成しましょう。メッセージは、**「年：2000　月：1　日：1」**のように表示します。

Answer

❶ 次のようにプロシージャを入力します。
※VBEを起動し、《挿入》→《標準モジュール》をクリックします。

■「誕生日の表示」プロシージャ

```
1. Sub 誕生日の表示()
2.     Dim birthYear As Integer
3.     Dim birthMonth As Byte
4.     Dim birthDay As Byte
5.     birthYear = Year(Range("G3").Value)
6.     birthMonth = Month(Range("G3").Value)
7.     birthDay = Day(Range("G3").Value)
8.     MsgBox "年:" & birthYear & "　月:" & birthMonth & "　日:" & birthDay
9. End Sub
```

■ プロシージャの意味

1.「誕生日の表示」プロシージャ開始
2.　整数型の変数「birthYear」を使用することを宣言
3.　バイト型の変数「birthMonth」を使用することを宣言
4.　バイト型の変数「birthDay」を使用することを宣言
5.　変数「birthYear」に、セル【G3】の日付から年を取り出して代入
6.　変数「birthMonth」に、セル【G3】の日付から月を取り出して代入
7.　変数「birthDay」に、セル【G3】の日付から日を取り出して代入
8.　変数「birthYear」「birthMonth」「birthDay」と他の文字列を連結してメッセージを表示
9.プロシージャ終了

※コンパイルを実行し、上書き保存しておきましょう。
※プロシージャの動作を確認します。

Practice

OPEN フォルダー「第5章」 5-6 Practice

標準解答

セル【E3】の日付から年、月、日を取り出して次のような形式でメッセージボックスに表示する**「終了日の表示」**プロシージャを作成しましょう。

```
終了日は、2025年1月1日です。
（利用できなくなる年月日：2025/01/02）
```

※メッセージボックス内での改行については、次節（P.106）で解説しています。

5-7 メッセージボックス内でタブや改行を入力するには？

第5章 関数の利用

メッセージボックス内でタブや改行を入力するには、「**Chr関数**」で制御文字を使います。制御文字とは、表示される文字ではなく、コンピュータやデバイスに動作を指示するための特殊な文字です。

■Chr関数

指定した文字コードに対応する文字を返します。引数には文字を特定するためのコード番号を入力します。

構文	Chr(文字コード)

●主な制御文字の例

内容	文字コード
タブを返す	9
改行を返す	10
半角スペースを返す	32

例：Chr(9)で文字列にタブを入力し、Chr(10)で文字列を改行

```
Sub 情報表示( )
    MsgBox "社員番号" & Chr(9) & ":1001" & Chr(10) _
        & "社員名" & Chr(9) & ":山田一郎" & Chr(10) _
        & "所属" & Chr(9) & ":営業本部　第3営業課" & Chr(10) _
        & "携帯番号" & Chr(9) & ":080-XXXX-XXXX"
End Sub
```

※入力するコードが長くて読みづらい場合は、行継続文字「 _（半角スペース＋半角アンダースコア）」を行末に入力すると、行を複数に分割できます。行継続文字を使った行は1行の命令文と認識されます。

Lesson

OPEN
フォルダー「第5章」
E 5-7 Lesson

会員No.「001」の「No.」「会社名」「名前」を項目ごとに、次のような形式でメッセージボックスに表示する「**会員情報の表示**」プロシージャを作成しましょう。

```
会員No.　　：001
会社名　　　：株式会社グローバルリンク
名前　　　　：佐藤　健一
```

Answer

❶ 次のようにプロシージャを入力します。
※VBEを起動し、《挿入》→《標準モジュール》をクリックします。

■「会員情報の表示」プロシージャ

```
 1.Sub 会員情報の表示()
 2.    Dim memberNo As String
 3.    Dim companyName As String
 4.    Dim memberName As String
 5.    memberNo = Range("A3").Value
 6.    companyName = Range("B3").Value
 7.    memberName = Range("C3").Value
 8.    MsgBox "会員No." & Chr(9) & ":" & memberNo & Chr(10) & _
 9.           "会社名" & Chr(9) & ":" & companyName & Chr(10) & _
10.           "名前" & Chr(9) & ":" & memberName
11.End Sub
```

■ プロシージャの意味

1. 「会員情報の表示」プロシージャ開始
2. 　文字列型の変数「memberNo」を使用することを宣言
3. 　文字列型の変数「companyName」を使用することを宣言
4. 　文字列型の変数「memberName」を使用することを宣言
5. 　変数「memberNo」にセル【A3】の値を代入
6. 　変数「companyName」にセル【B3】の値を代入
7. 　変数「memberName」にセル【C3】の値を代入
8. 　変数「memberNo」と他の文字列、タブと改行を連結し、
9. 　　　変数「companyName」と他の文字列、タブと改行を連結し、
10. 　　　変数「memberName」と他の文字列、タブを連結してメッセージを表示
11. プロシージャ終了

※コンパイルを実行し、上書き保存しておきましょう。
※プロシージャの動作を確認します。

Practice

OPEN
フォルダー「第5章」
5-7 Practice

取引番号「2024-1-01」の「**取引番号**」「**クラス名**」「**プラン名**」「**講師名**」「**終了日**」を項目ごとに、次のような形式でメッセージボックスに表示する「**申し込み情報の表示**」プロシージャを作成しましょう。

標準解答

```
取引番号　：2024-1-01
クラス名　：ビジネス英会話
プラン名　：Basic
講師名　　：Emily Davis
終了日　　：2024/09/30
```

107

第5章 関数の利用

5-8 入力可能なダイアログボックスを表示するには？

ユーザーに対して値の入力を促すダイアログボックスを表示するには、「**InputBox関数**」を使います。

■InputBox関数

ダイアログボックスにメッセージとテキストボックスを表示します。
テキストボックスに文字列を入力し《OK》をクリックすると、入力された文字列を戻り値として返します。また、《キャンセル》をクリックすると、長さ0の空文字列("")を返します。

構文	InputBox(prompt, title, default, xpos, ypos, helpfile, context)

引数	内容	省略
prompt	ダイアログボックスに表示するメッセージを設定する	省略できない
title	ダイアログボックスのタイトルを設定する	省略できる
default	テキストボックスに入力しておく既定値の文字列を設定する	省略できる
xpos	画面左端からダイアログボックスの左端までの距離を設定する 単位はtwip（1cmは約567twip） 省略すると画面中央に表示する	省略できる
ypos	画面上端からダイアログボックスの上端までの距離を設定する 単位はtwip（1cmは約567twip） 省略すると画面上端から約3分の1の位置に表示する	省略できる
helpfile	《ヘルプ》のボタンをクリックしたときに表示するヘルプのファイル名を設定する	省略できる
context	表示するヘルプの内容に対応したコンテキスト番号を設定する 設定した場合は引数helpfileの設定が必要	省略できる

例：画面上端から500、左端から300の位置に、タイトルバー「販売データ入力」、メッセージ「日付を入力してください」とテキストボックスに表示する

```
InputBox "日付を入力してください", "販売データ入力", , 300, 500
```
　　　　　　　　　　　　　　　　　　　　　　　　　　　xpos　　ypos

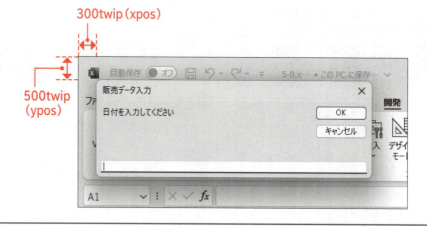

Lesson

OPEN
フォルダー「第5章」
5-8 Lesson

ユーザーが入力可能なダイアログボックスを表示し、入力された値をセル【G1】に設定する「**更新日の入力**」プロシージャを作成しましょう。ダイアログボックスのタイトルバーには「**日付の更新**」、表示するメッセージには「**更新日の日付を入力してください**」と設定します。

Answer

❶ 次のようにプロシージャを入力します。
※VBEを起動し、《挿入》→《標準モジュール》をクリックします。

■「更新日の入力」プロシージャ

```
1. Sub 更新日の入力()
2.     Dim userInput As String
3.     userInput = InputBox("更新日の日付を入力してください", "日付の更新")
4.     Range("G1").Value = userInput
5. End Sub
```

■ プロシージャの意味

1.「更新日の入力」プロシージャ開始
2. 文字列型の変数「userInput」を使用することを宣言
3. 変数「userInput」に、タイトルバー「日付の更新」、メッセージ「更新日の日付を入力してください」と入力されたテキストボックスを表示し、入力された値を代入
4. セル【G1】に変数「userInput」の値を入力
5. プロシージャ終了

※コンパイルを実行し、上書き保存しておきましょう。
※プロシージャの動作を確認します。

Practice

OPEN
フォルダー「第5章」
5-8 Practice

標準解答

ユーザーが入力可能なダイアログボックスを表示し、入力された値をセル【C22】に設定する「**プラン名の入力**」プロシージャを作成しましょう。表示するメッセージには、「**プラン名を「Basic」か「Advanced」のいずれかで入力してください**」と設定します。
また、不正なプラン名が入力された場合(「Basic」または「Advanced」が入力されなかった場合)は、「**入力が間違っています。「Basic」か「Advanced」のいずれかを入力してください**」とメッセージボックスを表示します。

5-9

第5章　関数の利用

指定した表示形式を設定するには？

数値や日付、時刻などに指定した表示形式を設定するには、「**Format関数**」を使います。

■Format関数

表示形式を設定した文字列を返します。

構　文	Format（Expression, Format）

引数Expressionには「表示形式を設定する数値や日時、時刻など」を指定し、引数Formatには「表示形式」を指定します。

●主な表示形式

表示形式	意味	表示形式	意味
#	1桁の数字を表示 （桁数に満たない場合でも0は表示しない）	yyyy	西暦を4桁で表示
		ee	和暦を2桁で表示
0	1桁の数字を表示 （桁数に満たない場合は0も表示する）	m	月を表示
		d	日を表示
#,###	3桁ごとに「,」を表示	aaa	曜日を1文字で表示

例：数値「2000」と日付「2024/1/1」を指定した表示形式で返す

```
Format ("2000", "#,###円")      →2,000円
Format ("2024/1/1", "d日 (aaa)")  →1日 (月)
```

STEP UP　文字列を数値に変換

文字列を数値に変換するには「Val関数」を使います。

■Val関数

文字列を数値に変換します。

構　文	Val（String）

引数Stringに指定した文字列を、数値に変換して返します。文字列の先頭に数字が含まれていない場合や空文字（""）を指定した場合は、「0」を返します。

例	返される数値
Val ("100円")	100
Val ("2024年12月")	2024 ※文字列内に複数の数字が文字列で区切られている場合は、最初の文字列までの数字が数値として返されます。
Val ("Excel2021")	0 ※文字列内に数字が含まれる場合でも、先頭が文字列であれば「0」が返されます。

第5章　関数の利用

110

Lesson

OPEN フォルダー「第5章」 5-9 Lesson

セル範囲【D3:D32】にある文字列の表示形式を「##,###」に設定する「税込金額の表示形式の設定」プロシージャを作成しましょう。

Answer

❶ 次のようにプロシージャを入力します。
※VBEを起動し、《挿入》→《標準モジュール》をクリックします。

■「税込金額の表示形式の設定」プロシージャ

```
1. Sub 税込金額の表示形式の設定()
2.     Dim Myrange As Range
3.     For Each Myrange In Range("D3:D32")
4.         Myrange.Value = Format(Val(Myrange.Value), "##,###")
5.     Next Myrange
6. End Sub
```

■ プロシージャの意味

1. 「税込金額の表示形式の設定」プロシージャ開始
2. Range型のオブジェクト変数「Myrange」を使用することを宣言
3. セル範囲【D3:D32】のすべてのセルに対して処理を繰り返す
4. オブジェクト変数「Myrange」が参照するセルに、セルの文字列を数値に変換し、表示形式を「##,###」に設定して入力
5. オブジェクト変数「Myrange」に次のセルへの参照を代入し、3行目に戻る
6. プロシージャ終了

※コンパイルを実行し、上書き保存しておきましょう。
※プロシージャの動作を確認します。

STEP UP　Format関数とVal関数の組み合わせ

1つのセルに複数種類の文字が混在している場合、いったんVal関数で数値に変換してから、Format関数で表示形式を設定します。

例：文字列「2000円」を指定した表示形式で返す

Format(Val("2000円"), "#,###")　→2,000

Practice

OPEN フォルダー「第5章」 5-9 Practice

セル範囲【K4:K5】にある数値の表示形式を「#,###円」に設定する「料金の表示形式の設定」プロシージャを作成しましょう。

標準解答

111

第5章　関数の利用

5-10 指定した値の種類を判断するには？

指定した値の種類を判断するには、関数名の先頭に「Is」が付いた関数を使います。数値かどうかを判断するには「IsNumeric関数」、日付かどうかを判断するには「IsDate関数」を使います。値の種類が正しければTrueを、種類が異なっていればFalseを返します。

■ IsNumeric関数

指定した値が数値かどうかを判断します。値が数値の場合はTrueを、数値でない場合はFalseを返します。

構 文	IsNumeric (Expression)

引数Expressionには、値を指定します。

例：「12345」と「ExcelVBA」が数値かどうか判断する

```
IsNumeric ("12345")        →True
IsNumeric ("ExcelVBA")     →False
```

■ IsDate関数

指定した値が日付かどうかを判断します。値が日付の場合はTrueを、日付でない場合はFalseを返します。

構 文	IsDate (Expression)

引数Expressionには、値を指定します。

例：変数userInputの値が日付の場合は「これは日付です」、それ以外の場合は「これは日付ではありません」と表示する

```
If IsDate (userInput) Then
    MsgBox "これは日付です"
Else
    MsgBox "これは日付ではありません"
End If
```

STEP UP　数値と判断される範囲

IsNumeric関数において、数値と判断される範囲は、「整数や小数」「符号付きの数値」「カンマ区切りの数値」です。これらの表記で記述された値を数値として判断し、Trueを返します。

例：「3.14」「-100」「1,234」が数値かどうか判断する

```
IsNumeric ("3.14")       →True
IsNumeric ("-100")       →True
IsNumeric ("1,234")      →True
```

STEP UP　無効な日付はFalseを返す

IsDate関数では、日付として判断するのは有効な日付のみです。そのため、「2024/13/1」といった無効な日付を指定した場合は、Falseを返します。

Lesson

OPEN フォルダー「第5章」 5-10 Lesson

セル範囲【A3：A32】にある値の種類が数値でない場合、該当するセルに「**黄色**」の背景色を設定する「**取引番号の背景色を設定**」プロシージャを作成しましょう。

Answer

① 次のようにプロシージャを入力します。
※VBEを起動し、《挿入》→《標準モジュール》をクリックします。

■「取引番号の背景色を設定」プロシージャ

```
1. Sub 取引番号の背景色を設定()
2.     Dim Myrange As Range
3.     For Each Myrange In Range("A3:A32")
4.         If Not IsNumeric(Myrange.Value) Then
5.             Myrange.Interior.Color = vbYellow
6.         End If
7.     Next Myrange
8. End Sub
```

■プロシージャの意味

1. 「取引番号の背景色を設定」プロシージャ開始
2. 　　Range型のオブジェクト変数「Myrange」を使用することを宣言
3. 　　セル範囲【A3：A32】のすべてのセルに対して処理を繰り返す
4. 　　　　オブジェクト変数「Myrange」が参照するセルの値が数値でない場合は
5. 　　　　　　オブジェクト変数「Myrange」が参照するセルの背景色を黄色に設定
6. 　　　　Ifステートメント終了
7. 　　オブジェクト変数「Myrange」に次のセルへの参照を代入し、3行目に戻る
8. プロシージャ終了

※コンパイルを実行し、上書き保存しておきましょう。
※プロシージャの動作を確認します。

Practice

OPEN フォルダー「第5章」 5-10 Practice

セル範囲【A3：A12】にある値の種類が数値でない場合、該当するセルに「**緑色**」の背景色を設定する「**予約番号の背景色を設定**」プロシージャを作成しましょう。

標準解答

5-11
第5章　関数の利用

文字列を区切ったり結合したりするには？

文字列を区切り文字で区切って分割し、配列を作成するには「Split関数」を使います。それとは逆に、配列の各要素を結合して、1つの文字列にするには「Join関数」を使います。

※「区切り文字」とは、複数のデータの区切り位置を表すために挿入されている文字です。主な区切り文字として、カンマ、タブ、スペース、セミコロンなどがあります。

■ Split関数

文字列を区切り文字で区切って分割し、配列を作成します。

構　文	Split（Expression, Delimiter）

引数	内容	省略
Expression	文字列を指定	省略できない
Delimiter	区切り文字を指定	省略できる ※省略した場合は、空白文字（「""」）を区切り文字とみなします。

例：文字列「Excel・VBA・プログラミング」を「・」で区切って分割し、変数「hairetu」に代入する

```
hairetu = Split ("Excel・VBA・プログラミング", "・")
hairetu (0)  →Excel
hairetu (1)  →VBA
hairetu (2)  →プログラミング
```

■ Join関数

配列の各要素を区切り文字で結合し、1つの文字列を作成します。

構　文	Join（Sourcearray, Delimiter）

引数	内容	省略
Sourcearray	配列の各要素を指定	省略できない
Delimiter	区切り文字を指定	省略できる ※省略した場合は、空白文字（「""」）を区切り文字とみなします。

例：「Excel」「VBA」「プログラミング」の要素を持つ配列変数「hairetu」を、「;」で結合する

```
Join (hairetu, " ; ")  →Excel ; VBA ; プログラミング
```

STEP UP 配列の活用

同じデータ型の変数を複数利用する場合は、「配列変数」を使います。必要とする配列変数の数（「要素数」）を、配列変数の宣言時に記述するので、1回の宣言で複数の変数を用意できます。

例：文字列型の配列変数「B」を使用することを宣言し、要素数を5つとする

```
Dim B (4) As String
```

※インデックスは「0」から始めるため、要素数より1少ない値を配列変数の宣言時に指定します。

Lesson

OPEN フォルダー「第5章」 5-11 Lesson

セル【C3】にある値をカンマで分割して、購入商品を1つずつメッセージボックスで表示する「購入商品の個別表示」プロシージャを作成しましょう。「1つ目の購入商品：シャトー・ルージュ2015」「2つ目の購入商品：グランクリュ・ブリュット」のように表示します。

Answer

❶ 次のようにプロシージャを入力します。
※VBEを起動し、《挿入》→《標準モジュール》をクリックします。

■「購入商品の個別表示」プロシージャ

```
1. Sub 購入商品の個別表示()
2.     Dim Item As Variant
3.     Dim i As Byte
4.     i = 1
5.     For Each Item In Split(Range("C3").Value, ",")
6.         MsgBox i & "つ目の購入商品：" & Item
7.         i = i + 1
8.     Next Item
9. End Sub
```

■ プロシージャの意味

1. 「購入商品の個別表示」プロシージャ開始
2. バリアント型の変数「Item」を使用することを宣言
3. バイト型の変数「i」を使用することを宣言
4. 変数「i」に「1」を代入
5. 区切り文字「,」で分割したセル【C3】の文字列に対して処理を繰り返す
6. 変数「i」、変数「Item」、他の文字列を連結してメッセージを表示
7. 変数「i」に、変数「i」+1の結果を代入
8. 変数「Item」に次の要素への参照を代入し、5行目に戻る
9. プロシージャ終了

※コンパイルを実行し、上書き保存しておきましょう。
※プロシージャの動作を確認します。

STEP UP 配列とバリアント型の変数

Split関数で作成した配列を代入するには、バリアント型で宣言した変数を使います。バリアント型の変数に配列を代入すると、必要な要素数を持つ配列変数に変化します。

Practice

OPEN フォルダー「第5章」 5-11 Practice

セル【B3】にある値をカンマで分割して、セル範囲【H4：H8】に上から順番に入力する「名前の個別入力」プロシージャを作成しましょう。

標準解答

5-12

第5章　関数の利用

条件式を満たすかどうかで異なる値を返すには？

条件式を満たすかどうかで異なる値を返すには、**「IIf関数」**を使います。

■ IIf関数

条件式が真（True）の場合は引数Truepartの値を、偽（False）の場合は引数Falsepartの値を返します。

構　文	IIf（Expr, Truepart, Falsepart）

引数	内容	省略
Expr	条件式を指定	省略できない
Truepart	条件式が真（True）の場合の値を指定	省略できない
Falsepart	条件式が偽（False）の場合の値を指定	省略できない

例：「5」が格納された変数「x」が条件式を満たすかどうか判断し、対応する値を返す

```
IIf (x >= 10 And x <= 20, "正解", "不正解")    →不正解
IIf (x = 0 Or x >= 5, "正解", "不正解")        →正解
```

STEP UP　IIf関数の様々な活用

IIf関数の引数Truepartと引数Falsepartには、数字や文字列だけでなく、数式やオブジェクトのプロパティを指定することも可能です。

例：変数「cellcolor」に、変数「x」が0より大きい場合はセル【A1】、それ以外の場合はセル【B1】のフォントの色を代入し、セル【C1】のフォントの色に設定する

```
cellcolor = IIf (x > 0, Range ("A1") .Font.Color, Range ("B1") .Font.Color)
Range ("C1") .Font.Color = cellcolor
```

STEP UP　Ifステートメントとの使い分け

通常、条件分岐にはIfステートメントが使われますが、IIf関数を使うと1行で条件分岐を記述できます。IIf関数を使う利点は、コードが1行のため、処理内容が視覚的に読み取りやすいことです。ただし、複雑な条件分岐が必要な場合は、1行が長くなり見通しが悪くなるため、通常のIfステートメントを使う方が適切なこともあります。

例：変数「result」に、変数「x」が0より大きい場合は「正」、それ以外の場合は「負」を代入する

● Ifステートメントを使う場合

```
If x > 0 Then
    result = "正"
Else
    result = "負"
End If
```

● IIf関数を使う場合

```
result = IIf (x > 0, "正", "負")
```

Lesson

OPEN フォルダー「第5章」 5-12 Lesson

セル範囲【F3:F32】に、セル範囲【D3:D32】にある値が「30000」以上の場合は「VIP会員」、それ以外の場合は「普通会員」と入力する「会員区分の入力」プロシージャを作成しましょう。

Answer

❶ 次のようにプロシージャを入力します。
※VBEを起動し、《挿入》→《標準モジュール》をクリックします。

■「会員区分の入力」プロシージャ

1. Sub 会員区分の入力()
2. 　　Dim Myrange As Range
3. 　　For Each Myrange In Range("D3:D32")
4. 　　　　Myrange.Offset(0, 2).Value = IIf(Myrange.Value >= 30000, "VIP会員", "普通会員")
5. 　　Next Myrange
6. End Sub

■ プロシージャの意味

1. 「会員区分の入力」プロシージャ開始
2. 　　Range型のオブジェクト変数「Myrange」を使用することを宣言
3. 　　セル範囲【D3:D32】のすべてのセルに対して処理を繰り返す
4. 　　　　オブジェクト変数「Myrange」が参照するセルが30000以上の場合は「VIP会員」、それ以外の場合は「普通会員」を、参照するセルの2列右のセルに入力
5. 　　オブジェクト変数「Myrange」に次のセルへの参照を代入し、3行目に戻る
6. プロシージャ終了

※コンパイルを実行し、上書き保存しておきましょう。
※プロシージャの動作を確認します。

Practice

OPEN フォルダー「第5章」 5-12 Practice

セル範囲【E3:E12】に、セル範囲【C3:C12】にある値と、セル範囲【D3:D12】にある値の行ごとの合計が、「5」以上の場合は「団体割」と入力し、それ以外の場合は何も入力しない「団体割適用の入力」プロシージャを作成しましょう。

標準解答

第5章 関数の利用

5-13 ワークシート関数をプロシージャ内で利用するには？

VBAに用意されている関数を「**VBA関数**」といい、プロシージャ内に関数名を記述して使います。これに対し、ワークシート上で使う関数を「**ワークシート関数**」といい、一部のワークシート関数はプロシージャ内で使えます。代表的なワークシート関数には、SUM関数、MAX関数、AVERAGE関数などがあります。ワークシート関数は、ワークシートのセルに入力されている値をもとに、あらかじめ関数で決められた処理をします。

ワークシート関数をプロシージャ内で利用するには、WorksheetFunctionオブジェクトのあとにワークシート関数名を記述します。WorksheetFunctionオブジェクトは、ワークシート関数の親オブジェクトで、「**WorksheetFunctionプロパティ**」を使って取得します。

■WorksheetFunctionプロパティ

ワークシート関数の親オブジェクトであるWorksheetFunctionオブジェクトを返します。

構　文	WorksheetFunction

■ワークシート関数の利用

プロシージャ内でワークシート関数を利用します。

構　文	WorksheetFunctionオブジェクト.ワークシート関数名 （引数1, 引数2, …）

ワークシート関数の引数で、セル範囲を指定する場合はRangeオブジェクトで指定します。セル番地では指定できません。また、数値はそのまま指定できますが、文字列は「"」で囲んで指定します。

例：セル範囲【A1:D5】の合計を変数「goukei」に代入する

```
goukei = WorksheetFunction.Sum (Range ("A1:D5"))
```

STEP UP プロシージャ内で使用できないワークシート関数

LEFT関数やIF関数など一部のワークシート関数は、プロシージャ内では使えません。代わりに、VBA関数のLeft関数やIf～Thenステートメントなどを使います。
ExcelVBAで使用できるワークシート関数は、「WorksheetFunction.」と入力してから表示される「自動メンバー表示」の一覧で確認できます。

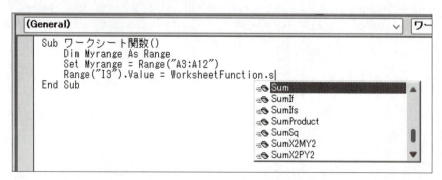

Lesson

OPEN フォルダー「第5章」
E 5-13 Lesson

セル範囲【D3:D32】にある値の最大値、最小値、平均値、合計値をセル範囲【I2:I5】に入力する**「集計表の作成」プロシージャ**を作成しましょう。

Answer

❶ 次のようにプロシージャを入力します。
※VBEを起動し、《挿入》→《標準モジュール》をクリックします。

■「集計表の作成」プロシージャ

```
1. Sub 集計表の作成()
2.     Dim Myrange As Range
3.     Set Myrange = Range("D3:D32")
4.     Range("I2").Value = WorksheetFunction.Max(Myrange)
5.     Range("I3").Value = WorksheetFunction.Min(Myrange)
6.     Range("I4").Value = WorksheetFunction.Average(Myrange)
7.     Range("I5").Value = WorksheetFunction.Sum(Myrange)
8. End Sub
```

■ プロシージャの意味

1. 「集計表の作成」プロシージャ開始
2. Range型のオブジェクト変数「Myrange」を使用することを宣言
3. オブジェクト変数「Myrange」にセル範囲【D3:D32】を代入
4. セル【I2】に、MAX関数でオブジェクト変数「Myrange」に代入されたセル範囲の最大値を入力
5. セル【I3】に、MIN関数でオブジェクト変数「Myrange」に代入されたセル範囲の最小値を入力
6. セル【I4】に、AVERAGE関数でオブジェクト変数「Myrange」に代入されたセル範囲の平均値を入力
7. セル【I5】に、SUM関数でオブジェクト変数「Myrange」に代入されたセル範囲の合計値を入力
8. プロシージャ終了

※コンパイルを実行し、上書き保存しておきましょう。
※プロシージャの動作を確認します。

Practice

OPEN フォルダー「第5章」
E 5-13 Practice

標準解答

セル【D14】に総予約者数としてセル範囲【C3:D12】にある値の合計値、セル【D15】に総予約者数に対するセル範囲【C3:C12】にある値の合計値が占める割合、セル【D16】に総予約者数に対するセル範囲【D13:D12】にある値の合計値が占める割合を入力する**「予約者数の計算」**プロシージャを作成しましょう。なお、割合の数値は小数点以下2桁まで表示します。

5-14 ユーザー定義関数を作成・利用するには？

第5章 関数の利用

ユーザーで独自の関数を作成できます。この関数を「**ユーザー定義関数**」といいます。ユーザー定義関数を作成するには、「**Functionプロシージャ**」を使います。

■Functionプロシージャ

ユーザー定義関数を作成します。処理を実行したあとに値を返すプロシージャです。

構 文	Function 関数名（引数1,引数2,引数3・・・） 　　　関数名 ＝ 計算式 End Function

プロシージャでユーザー定義関数を作成し、ワークシート上で実行する手順は次のとおりです。なお、ユーザー定義関数を作成するプロシージャは、一般的に通常のプロシージャ（Sub）とモジュールを分けて記述します。

①VBEを起動し、《**挿入**》→《**標準モジュール**》をクリックします。
②次のようにプロシージャを入力します。

■「売上合計」プロシージャ

1. Function 売上合計 (A, B, C)
2. 　　売上合計 ＝ A ＋ B ＋ C
3. End Function

■プロシージャの意味

1. 「売上合計」プロシージャ開始（引数に「A」と「B」と「C」を指定）
2. 　　「売上合計」に「A+B+C」の計算結果を代入
3. プロシージャ終了

---

③コンパイルを実行し、上書き保存します。

Excelに切り替えて、作成したユーザー定義関数を実行します。

④関数を使うセルをクリックします。
⑤ [fx]（関数の挿入）をクリックします。

	A	B	C	D	E	F
1		支店別売上数				
2		東京店	100			
3		大阪店	50			
4		名古屋店	30			
5		合計				
6						

120

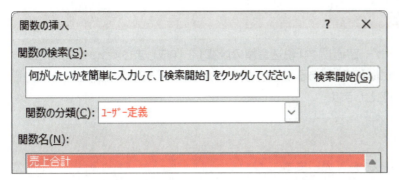

《関数の挿入》ダイアログボックスが表示されます。

⑥《関数の分類》の∨をクリックし、一覧から《ユーザー定義》を選択します。
⑦《関数名》の一覧から、《売上合計》を選択します。
⑧《OK》をクリックします。

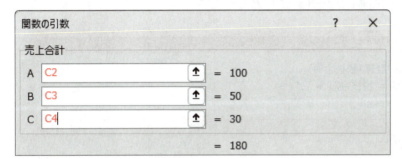

《関数の引数》ダイアログボックスが表示されます。

⑨ユーザー定義関数で定義されている引数のテキストボックスに、それぞれ対応するセルを指定します。
⑩《OK》をクリックします。

ユーザー定義関数が実行されます。
※数式バーに指定したユーザー定義関数が入力されます。

STEP UP ユーザー定義関数をプロシージャで使う

作成したユーザー定義関数は、ワークシート上で使うだけでなく、プロシージャで使うこともできます。ある特定の計算を何度も行う必要がある場合、その計算をユーザー定義関数として作成し、プロシージャ内で呼び出すことで、コードが簡潔になります。

STEP UP イミディエイトウィンドウ

作成したユーザー定義関数が正しく動作するかをテストするには、「イミディエイトウィンドウ」を使うと効率的です。イミディエイトウィンドウで「?ユーザー定義関数名（引数の値）」と入力して Enter を押すと、ユーザー定義関数の実行結果が表示されます。
イミディエイトウィンドウを表示する方法は、次のとおりです。

◆VBEの《表示》→《イミディエイトウィンドウ》

```
イミディエイト
?売上合計(10,20,30)
 60
```

Lesson

OPEN フォルダー「第5章」 5-14 Lesson

税込金額を計算するユーザー定義関数「**税込金額の計算**」を作成しましょう。作成したユーザー定義関数を使って、セル【D3】にある税抜金額の値からセル【E3】に税込金額を入力しましょう。なお、税率は10%とします。

Answer

❶ 次のようにプロシージャを入力します。

※VBEを起動し、《挿入》→《標準モジュール》をクリックします。

■「税込金額の計算」プロシージャ

1. Function 税込金額の計算（税抜金額）
2. 　　税込金額の計算 ＝ 税抜金額 ＊ 1.1
3. End Function

■ プロシージャの意味

1. 「税込金額の計算」プロシージャ開始（引数に「税抜金額」を指定）
2. 　　「税込金額の計算」に「税抜金額×1.1」の計算結果を代入
3. プロシージャ終了

※コンパイルを実行し、上書き保存しておきましょう。

❷ セル【E3】をクリックします。

❸ f_x（関数の挿入）をクリックします。

《関数の挿入》ダイアログボックスが表示されます。

❹《関数の分類》の ▽ をクリックし、一覧から《ユーザー定義》を選択します。

❺《関数名》の一覧から、「税込金額の計算」を選択します。

❻《OK》をクリックします。

《関数の引数》ダイアログボックスが表示されます。

❼《税抜金額》のテキストボックスにカーソルがあることを確認します。

❽ セル【D3】をクリックします。

❾《OK》をクリックします。

ユーザー定義関数が実行されます。
※数式バーに指定したユーザー定義関数が入力されます。

Practice

OPEN フォルダー「第5章」 5-14 Practice

団体割適用時の支払金額を計算するユーザー定義関数「**団体割の計算**」を作成しましょう。作成したユーザー定義関数を使って、セル【C3】とセル【D3】にある値から、セル【J9】に団体割適用時の金額を入力しましょう。なお、大人1人の金額を2500円、子供1人の金額を1500円とし、団体割適用時は合計額から2割引とします。

標準解答

第6章

イベントの利用

第6章 イベントの利用

6-1 シートがアクティブになったときに処理を行うには？

ユーザーの特定の操作やオブジェクトの動作など、プロシージャを実行するきっかけとなる出来事を「**イベント**」といいます。イベントの例としては、「**セルをダブルクリックする**」「**ブックを開く**」などがあります。また、イベントが発生したときに自動的に実行されるプロシージャを「**イベントプロシージャ**」といいます。

「**イベントプロシージャ**」は、オブジェクトモジュール内に作成します。シートのイベントに関するイベントプロシージャはシートのオブジェクトモジュール内に、ブックのイベントに関するイベントプロシージャはブックのオブジェクトモジュール内にそれぞれ作成します。

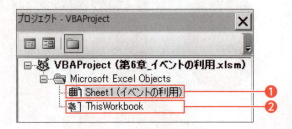

❶ **シートのオブジェクトモジュール**
シートを追加したときに自動的に作成されます。シートのオブジェクトモジュールは、《**オブジェクト名（シート名）**》のように表示されます。オブジェクト名が「**Sheet1**」で、シート名が「**イベントの利用**」の場合、《**Sheet1（イベントの利用）**》と表示されます。

❷ **ブックのオブジェクトモジュール**
ブックを作成したときに自動的に作成されます。

イベントプロシージャを作成するには、最初に《**オブジェクト**》ボックスで目的のオブジェクトを選択します。その後、《**プロシージャ**》ボックスでイベントを選択すると、選択中のイベントに対応するイベントプロシージャが自動的に作成されます。

```
《オブジェクト》ボックス                        《プロシージャ》ボックス
Worksheet                        ∨    Activate                              ∨
Private Sub Worksheet_Activate()
End Sub
```

なお、イベントプロシージャは、「**Privateプロシージャ**」として作成されます。Privateプロシージャは、そのモジュール内でしか実行できないプロシージャとなるため、イベントを実行するモジュール内に作成する必要があります。イベントプロシージャの名前は、「**オブジェクト名_イベント名**」のように付けられます。例えば、ワークシート（Worksheetオブジェクト）をアクティブにしたとき（Activateイベント）に実行されるイベントプロシージャは、「**Worksheet_Activate**」となります。
ワークシートがアクティブになったときに処理を行うには、「**Activateイベント**」を使います。

■**Activateイベント**

ワークシートがアクティブになったときに発生します。

```
Private Sub Worksheet_Activate ()
    ワークシートがアクティブになったときに実行する処理
End Sub
```

Lesson

OPEN
フォルダー「第6章」
E 6-1 Lesson

ワークシート「**タスク2**」がアクティブになったときに、セル【G1】に現在の日時を入力させる「**Worksheet_Activate**」イベントプロシージャを作成して、動作を確認しましょう。

Answer

※VBEを起動しておきましょう。

❶ プロジェクトエクスプローラーの《Sheet2（タスク2）》をダブルクリックします。

コードウィンドウに《Sheet2》オブジェクトモジュールの内容が表示されます。

❷《オブジェクト》ボックスの⌄をクリックし、一覧から《Worksheet》を選択します。

「Worksheet_SelectionChange」イベントプロシージャが作成されます。

❸《プロシージャ》ボックスの⌄をクリックし、一覧から《Activate》を選択します。

「Worksheet_Activate」イベントプロシージャが作成されます。
※「Worksheet_SelectionChange」イベントプロシージャは削除しておきましょう。

❹ 次のように「Worksheet_Activate」イベントプロシージャを入力します。

■「Worksheet_Activate」イベントプロシージャ

```
1. Private Sub Worksheet_Activate ()
2.     Range ("G1") .Value = Now
3. End Sub
```

■ プロシージャの意味

```
1.「Worksheet_Activate」イベントプロシージャ開始
2.     セル【G1】に現在の日付と時刻を入力
3. End Sub
```

※コンパイルを実行し上書き保存して、Excelに切り替えておきましょう。

❺ ワークシート「タスク2」を選択します。
※セル【G1】に現在の日付と時刻が入力されることを確認しておきましょう。

Practice

OPEN
フォルダー「第6章」
E 6-1 Practice

ワークシート「**管理表**」がアクティブになったときに、「**管理者以外は編集しないでください**」とメッセージを表示させる「**Worksheet_Activate**」イベントプロシージャを作成して、動作を確認しましょう。

125

6-2

第6章　イベントの利用

選択範囲を変更したときに処理を行うには?

選択範囲を変更したときに処理を行うには、「SelectionChangeイベント」を使います。

■ SelectionChangeイベント

選択範囲を変更したときに発生します。引数にRange型のオブジェクト変数Targetを持ち、変更があったセルは変数Targetに格納されます。この引数Targetを使って、変更のあったセルを操作できます。引数Targetの前に記述されているByValは、イベント発生時に取得したセルのコピーを引数Targetに渡すことを意味します（参照ではなくコピーを渡す）。

```
Private Sub Worksheet_SelectionChange (ByVal Target As Range)
    選択範囲を変更したときに実行する処理
    引数Target (変更したあとに選択されているセル) を使った処理
End Sub
```

「Intersectメソッド」を使って、選択したセル（SelectionChangeイベントの引数Target）と、任意に指定するセル範囲とを比較して、範囲内であるかどうか（共有セルであるかどうか）を判定できます。

■ Intersectメソッド

共有セルを返します。引数Argには、セル範囲を指定します。

構 文	Applicationオブジェクト.Intersect (Arg1, Arg2, …)

※Intersectメソッドの引数には、30個までのセル範囲を指定できます。
※共有セルがない場合は、Nothingを返します。

例：選択したセル（Target）とセル範囲【B2:D4】の共有セルを返す

```
Application.Intersect (Target, Range ("B2:D4") )
```

※選択したセルがセル【B2】の場合、セル【B2】への参照を返し、選択したセルがセル【B1】の場合（指定のセル範囲外）、Nothingを返します。

STEP UP Changeイベント
- -
セルの値を変更したときに発生します。

■ Changeイベント

セルの値を変更したときに発生します。値を変更したセルは、引数Targetに渡されます。

```
Private Sub Worksheet_Change (ByVal Target As Range)
    セルの値を変更したときに実行する処理
    引数Target (値を変更したセル) を使った処理
End Sub
```

126

Lesson

OPEN フォルダー「第6章」 6-2 Lesson

ワークシート「**タスク1**」のセル範囲【**G4：G9**】のセルを選択したときに、「**あとで確認が必要な情報のみ記載してください**」というメッセージを表示する「**Worksheet_SelectionChange**」イベントプロシージャを作成して、動作を確認しましょう。

Answer

※VBEを起動しておきましょう。

❶ プロジェクトエクスプローラーの《Sheet1（タスク1）》をダブルクリックします。

❷ 《オブジェクト》ボックスの ∨ をクリックし、一覧から《Worksheet》をクリックします。

「Worksheet_SelectionChange」イベントプロシージャが作成されます。

❸ 次のように「Worksheet_SelectionChange」イベントプロシージャを入力します。

■「Worksheet_SelectionChange」イベントプロシージャ

1. Private Sub Worksheet_SelectionChange (ByVal Target As Range)
2. 　　If Not Application.Intersect (Target, Range ("G4:G9")) Is Nothing Then
3. 　　　　MsgBox "あとで確認が必要な情報のみ記載してください"
4. 　　End If
5. End Sub

■ プロシージャの意味

1. 「Worksheet_SelectionChange (Range型の引数Targetは選択したセル範囲)」イベントプロシージャ開始
2. 　引数Targetが参照するセルと、セル範囲【G4：G9】との共有セルが選択された場合 (共有セルがNothingではない場合)
3. 　　「あとで確認が必要な情報のみ記載してください」とメッセージを表示
4. 　Ifステートメント終了
5. イベントプロシージャ終了

※コンパイルを実行し上書き保存して、Excelに切り替えておきましょう。

❹ セル範囲【G4：G9】の任意のセルを選択します。

※メッセージボックスが表示されることを確認します。

Practice

OPEN フォルダー「第6章」 6-2 Practice

ワークシート「**7月**」のセル範囲【**D6：E36**】のセルを選択したときに、現在の時刻を入力させる「**Worksheet_SelectionChange**」イベントプロシージャを作成して、動作を確認しましょう。

標準解答

6-3 セルをダブルクリックしたときに処理を行うには？

セルをダブルクリックしたときに処理を行うには、「BeforeDoubleClickイベント」を使います。

■ BeforeDoubleClickイベント

セルをダブルクリックしたときに発生します。
ダブルクリックしたセルは、「Worksheet_BeforeDoubleClick」イベントプロシージャのRange型の引数Targetに渡されます。引数Targetを使って、ダブルクリックしたセルを操作できます。
また、引数Targetのほかにブール型（Boolean）の引数Cancelを持っています。引数CancelにTrueを設定すると、ダブルクリックしたときに編集モードになるExcelの既定の機能をキャンセルできます。
イベントプロシージャに記述したコードは、Excelの既定の機能が実行される前に実行されます。

※ブール型（Boolean）の引数は、TrueまたはFalseのどちらかを代入できる引数です。

```
Private Sub Worksheet_BeforeDoubleClick(ByVal Target As Range, Cancel As Boolean)
    ダブルクリックしたときに実行する処理
    引数Target（ダブルクリックしたセル）を使った処理
    Cancel = TrueまたはFalse
End Sub
```

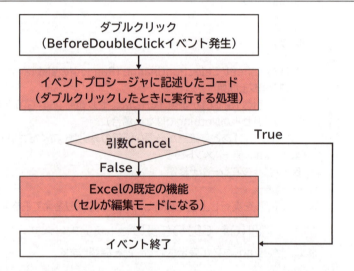

STEP UP BeforeRightClickイベント

セルを右クリックしたときに発生します。

■ BeforeRightClickイベント

セルを右クリックしたときに発生します。
引数Target、Cancelの利用方法は、「BeforeDoubleClickイベント」と同様です。

```
Private Sub Worksheet_BeforeRightClick(ByVal Target As Range, Cancel As Boolean)
    右クリックしたときに実行する処理
    引数Target（右クリックしたセル）を使った処理
    Cancel=TrueまたはFalse
End Sub
```

Lesson

OPEN フォルダー「第6章」 6-3 Lesson

ワークシート**「タスク1」**のセル範囲**【F4:F9】**に記載されている**「ステータス」**の値が、**「完了」**と記述されているセルをダブルクリックすると、その行を非表示にする**「Worksheet_BeforeDoubleClick」**イベントプロシージャを作成しましょう。

Answer

※VBEを起動しておきましょう。

❶ プロジェクトエクスプローラーの《Sheet1 (タスク1)》をダブルクリックします。

❷ 《オブジェクト》ボックスの ⌄ をクリックし、一覧から《Worksheet》を選択します。

❸ 《プロシージャ》ボックスの ⌄ をクリックし、一覧から《BeforeDoubleClick》を選択します。

※「Worksheet_SelectionChange」イベントプロシージャは削除しておきましょう。

❹ 次のように「Worksheet_BeforeDoubleClick」イベントプロシージャを入力します。

■「Worksheet_BeforeDoubleClick」イベントプロシージャ

```
1. Private Sub Worksheet_BeforeDoubleClick(ByVal Target As Range, Cancel As Boolean)
2.     If Target.Value = "完了" Then
3.         Rows(Target.Row).Hidden = True
4.         Cancel = True
5.     End If
6. End Sub
```

■プロシージャの意味

1. 「Worksheet_BeforeDoubleClick (Range型の引数Targetはダブルクリックしたセル、ブール型の引数Cancel)」イベントプロシージャ開始
2. 　　引数Targetが参照するセルの値が「完了」の場合
3. 　　　　引数Targetが参照する行を非表示にする
4. 　　　　引数CancelにTrueを代入（編集モードをキャンセル）
5. 　　Ifステートメントを終了
6. プロシージャ終了

※セル【F4】をダブルクリックし、4行目が非表示になることを確認しておきましょう。

Practice

OPEN フォルダー「第6章」 6-3 Practice

ワークシート**「7月」**のセル範囲**【G6:G36】**の範囲でダブルクリックすると**「休み」**と入力される**「Worksheet_BeforeDoubleClick」**イベントプロシージャを作成しましょう。

標準解答

6-4 ブックを開くとき・閉じる前に処理を行うには？

ブックを開いたときに処理を行うには、「Openイベント」を使います。

■Openイベント

ブックを開いたときに発生します。

```
Private Sub Workbook_Open ()
    ブックを開いたときに実行する処理
End Sub
```

ブックを閉じる前に処理を行うには、「BeforeCloseイベント」を使います。

■BeforeCloseイベント

ブックを閉じる前に発生します。
「Workbook_BeforeClose」イベントプロシージャは、ブール型（Boolean）の引数Cancelを持っています。引数CancelにTrueを設定すると、ブックを閉じるExcelの既定の機能をキャンセルできます。

```
Private Sub Workbook_BeforeClose ()
    ブックを閉じる前に実行する処理
    Cancel=TrueまたはFalse
End Sub
```

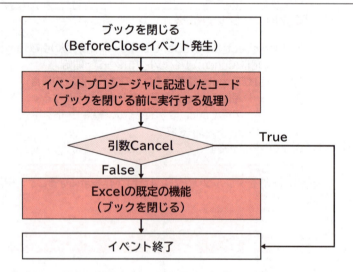

Lesson

OPEN フォルダー「第6章」 6-4 Lesson

ブックを閉じる前に「ブックを閉じてもよろしいですか？」と確認メッセージを表示させる「Workbook_BeforeClose」イベントプロシージャを作成して、動作を確認しましょう。確認メッセージで《はい》がクリックされた場合はブックを上書き保存し、《いいえ》がクリックされた場合はブックを閉じないようにします。

Answer

※VBEを起動しておきましょう。

❶ プロジェクトエクスプローラーの《ThisWorkbook》をダブルクリックします。

❷《オブジェクト》ボックスの ∨ をクリックし、一覧から《Workbook》を選択します。

❸《プロシージャ》ボックスの ∨ をクリックし、一覧から《BeforeClose》を選択します。
※「Workbook_Open」イベントプロシージャは削除しておきましょう。

❹ 次のように「Workbook_BeforeClose」イベントプロシージャを入力します。

■「Workbook_BeforeClose」イベントプロシージャ

```
1. Private Sub Workbook_BeforeClose (Cancel As Boolean)
2.     If MsgBox ("ブックを閉じてもよろしいですか?", vbYesNo) = vbYes Then
3.         ThisWorkbook.Save
4.     Else
5.         Cancel = True
6.     End If
7. End Sub
```

■ プロシージャの意味

1. 「Workbook_BeforeClose (ブール型の引数Cancel)」イベントプロシージャ開始
2.   「はい」「いいえ」ボタンを持つメッセージボックスに「ブックを閉じてもよろしいですか?」と表示し、「はい」がクリックされた場合は
3.   実行中のプロシージャが記述されているブックを上書き保存
4.   それ以外の場合は
5.   引数CancelにTrueを代入 (ブックを閉じる操作をキャンセル)
6.   Ifステートメント終了
7. イベントプロシージャ終了

※コンパイルを実行し上書き保存して、Excelに切り替えておきましょう。

❺ ブックを閉じます。

※メッセージボックスが表示されることを確認します。

Practice

OPEN

フォルダー「第6章」
E 6-4 Practice

標準解答

ブックを開いたときに「**出勤時刻・退勤時刻を打刻しましょう**」とメッセージを表示させる「**Workbook_Open**」イベントプロシージャを作成しましょう。

さらに、ブックを閉じる前に「**打刻漏れがないか確認しましたか?**」と確認メッセージを表示させる「**Workbook_BeforeClose**」イベントプロシージャも作成しましょう。《**はい**》がクリックされた場合はブックを上書き保存し、《**いいえ**》がクリックされた場合はブックを閉じないようにします。

6-5 シートを作成したときに処理を行うには？

第6章　イベントの利用

新しいシートを作成したときに処理を行うには、「NewSheetイベント」を使います。

■NewSheetイベント

新しいシートを作成したときに発生します。新しいシートは、オブジェクト型の引数Shに渡されます。

```
Private Sub Workbook_NewSheet (ByVal Sh As Object)
    新しいシートを作成したときに実行する処理
    引数Shを使って、新しく作成したシートを操作する処理
End Sub
```

Lesson

OPEN
フォルダー「第6章」
6-5 Lesson

新しくシートを作成したときに、シート名に連番を付ける「Workbook_NewSheet」イベントプロシージャを作成しましょう。シートの名前は「**タスク**」の文字列のあとに連番を付けます。

Answer

❶ プロジェクトエクスプローラーの《ThisWorkbook》をダブルクリックします。

❷《オブジェクト》ボックスの⌄をクリックし、一覧から《Workbook》を選択します。

❸《プロシージャ》ボックスの⌄をクリックし、一覧から《NewSheet》を選択します。

❹ 次のように「Workbook_NewSheet」イベントプロシージャを入力します。

■「Workbook_NewSheet」イベントプロシージャ

```
1. Private Sub Workbook_NewSheet (ByVal Sh As Object)
2.     Sh.Name = "タスク" & Worksheets.Count
3. End Sub
```

■プロシージャの意味

1. 「Workbook_NewSheet (Object型の引数Sh)」イベントプロシージャ開始
2. 　新しいシート名に文字列「タスク」と「シート数をカウントした値」を連結して設定
3. イベントプロシージャ終了

※新しいシートを作成し、シート名が「タスク+シート連番」と付けられたことを確認しておきましょう。

Practice

OPEN
フォルダー「第6章」
6-5 Practice

新しいシートを作成したときに、「**シートの名前を入力してください。**」とメッセージを表示してシート名を入力するダイアログボックスを表示する「Workbook_NewSheet」イベントプロシージャを作成しましょう。入力されたシート名が空白の場合は「**シート名が空です。デフォルト名を使用します。**」とメッセージを表示させます。

標準解答

132

第7章

エラー処理・デバッグ

7-1 コンパイルエラーを修正するには？

第7章 エラー処理・デバッグ

プログラム上の不具合のことを**「バグ」**といい、バグを修正する作業を**「デバッグ」**といいます。デバッグにはいくつかの方法があり、その1つが**「自動構文チェック」**です。自動構文チェックは、プロシージャの入力中、1行ごとに自動的に構文をチェックし、誤っている場合はメッセージを表示します。例えば、**「"(ダブルクォーテーション)」**や**「.(ピリオド)」**を記述すべきところを記述しなかった場合などをチェックします。

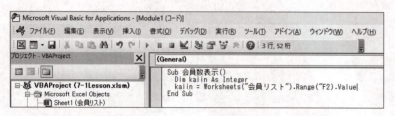

①誤ったステートメントを入力している状態で、[↓]を押します。

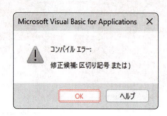

コンパイルエラーのエラーメッセージが表示されます。
②《OK》をクリックします。

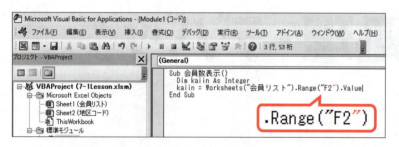

③エラー箇所が赤字で表示されるので、確認して修正します。

④[↓]を押し、エラーが発生しないことを確認します。

デバッグのもう1つの方法が**「コンパイル」**です。コンパイルは、モジュール全体の構文エラーなどをチェックします。例えば、**「Worksheets」**と記述すべきところを誤って**「Worksheet」**とスペルミスして記述した場合などをチェックします。

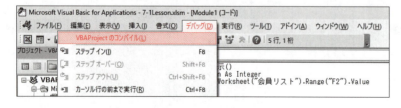

①誤ったステートメントが入力されている状態で、《デバッグ》をクリックします。
②《VBAProjectのコンパイル》をクリックします。

コンパイルエラーのエラーメッセージが表示されます。
③《OK》をクリックします。

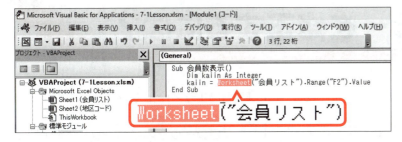

④エラーのある箇所が反転表示されます。
⑤エラーを修正し(ここでは、「Worksheet」から「Worksheets」に修正)、再度コンパイルを実行してエラーが発生しないことを確認します。

Lesson

OPEN フォルダー「第7章」 7-1 Lesson

「**会員数表示**」プロシージャに誤ったステートメントを記述し、自動構文チェックでエラーメッセージが表示されることを確認しましょう。確認後、ステートメントを修正し、エラーが発生しないようにします。

Answer

※VBEを起動し、《標準モジュール》→「Module1」を開いておきましょう。

❶ 次のように「会員数表示」プロシージャを入力します。

■「会員数表示」プロシージャ

```
1. Sub 会員数表示()
2.     Dim kaiin As Integer
3.     kaiin = Worksheets("会員リスト").Range("F2").Value
4. End Sub
```

❷ 3行目を入力して ↓ を押します。

コンパイルエラーのエラーメッセージが表示されます。

❸《OK》をクリックします。

❹ 3行目のステートメントを次のように修正します。

```
kaiin = Worksheets("会員リスト").Range("F2").Value
```

※コンパイルを実行し、上書き保存しておきましょう。

Practice

OPEN フォルダー「第7章」 7-1 Practice

「**合計金額**」プロシージャに誤ったステートメントを記述し、コンパイルを実行してエラーメッセージが表示されることを確認しましょう。次のように「**合計金額**」プロシージャを入力します。確認後、ステートメントを修正し、エラーが発生しないようにします。

■「合計金額」プロシージャ

```
1. Sub 合計金額()
2.     Dim kingaku As Long
3.     kingaku = Worksheet("講座開催状況").Range("K3").Value
4. End Sub
```

135

第7章　エラー処理・デバッグ

7-2 実行時エラーを修正するには？

プロシージャの実行時に発生するエラーのことを、「**実行時エラー**」といいます。

① プロシージャ内にカーソルを移動し、▶（Sub/ユーザーフォームの実行）をクリックします。

実行時エラーのエラーメッセージが表示されます。
② 《デバッグ》をクリックします。
エラー箇所に黄色のインデントマーカーが付きます。

③ エラーを修正し、■（リセット）をクリックします。

Lesson

OPEN
フォルダー「第7章」
E 7-2 Lesson

「**リストコピー**」プロシージャを実行し、実行時エラーが表示されることを確認しましょう。
確認後、ステートメントを修正し、実行時エラーが発生しないようにします。

Answer

※VBEを起動し、《標準モジュール》→「Module1」を開いておきましょう。

❶「リストコピー」プロシージャにカーソルがある状態で、▶（Sub/ユーザーフォームの実行）をクリックすると、実行時エラーのエラーメッセージが表示されます。

❷《デバッグ》をクリックします。

❸ インデントマーカーが付いているステートメントを、次のように修正します。

Worksheets("会員リスト").Copy Before:=Worksheets("地区コード")

❹ ■（リセット）をクリックします。

Practice

OPEN
フォルダー「第7章」
E 7-2 Practice

「**並べ替え**」プロシージャを実行し、実行時エラーが表示されることを確認しましょう。
確認後、ステートメントを修正し、実行時エラーが発生しないようにします。
※変数のデータ型に注目してみましょう。

標準解答

7-3 実行時エラーが発生しても処理を継続するには？

実行時エラーが発生した場合には、プログラムが中断します。実行時エラーが発生した場合でもプログラムが中断しないようにできます。発生した実行時エラーを無視して次のステートメントを実行するには、「**On Error Resume Nextステートメント**」を使います。On Error Resume Nextステートメントが実行されてから、プロシージャが終了するまで、実行時エラーを無視して処理を継続します。

■On Error Resume Nextステートメント

プロシージャの実行中にエラーが発生しても処理を中断せずに、エラーが発生した次のステートメントから処理を実行します。

構文	処理 On Error Resume Next エラーを無視して実行する処理

STEP UP エラー処理のリセット

On Error Resume Nextステートメントで一時的に実行時エラーを無視したあと、この状態をもとに戻すには「On Error GoTo 0ステートメント」を使います。

STEP UP 警告メッセージの非表示

Excelでは、シートを削除するときなどに、警告メッセージが表示される場合があります。警告メッセージが表示されると、処理が中断します。警告メッセージを表示せずに処理を継続するには、「DisplayAlertsプロパティ」を使います。

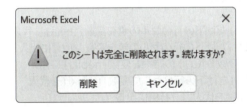

■DisplayAlertsプロパティ

プロシージャの実行中に警告メッセージを非表示にするかどうかを設定します。設定値にTrueを設定すると、警告メッセージが表示され、Falseを設定すると、警告メッセージが非表示になります。

構文	オブジェクト.DisplayAlerts ＝ 設定値

Lesson

OPEN
フォルダー「第7章」
7-3 Lesson

「値引き額計算」プロシージャには、値引き後の価格を計算する処理が記述されていますが、実行時エラーが発生します。実行時エラーが発生しても次の処理を継続するように、プロシージャを修正しましょう。

Answer

※VBEを起動し、《標準モジュール》→「Module1」を開いておきましょう。

❶「値引き額計算」プロシージャを実行して、実行時エラーが発生することを確認します。

❷「値引き額計算」プロシージャを、次のように修正します。

■「値引き額計算」プロシージャ

```
1.Sub 値引き額計算()
2.    Dim teika As Double
3.    Dim ritu As Double
4.    Dim nebiki As Double
5.    Dim i As Integer
6.    On Error Resume Next
7.    For i = 0 To 9
8.        teika = 0
9.        ritu = 0
10.       teika = Range("C4").Offset(i, 0).Value
11.       ritu = Range("D4").Offset(i, 0).Value
12.       nebiki = teika * (1 - ritu)
13.       Range("E4").Offset(i, 0).Value = nebiki
14.   Next
15.End Sub
```

■プロシージャの意味

1. 「値引き額計算」プロシージャ開始
2. 　倍精度浮動小数点数型の変数「teika」を使用することを宣言
3. 　倍精度浮動小数点数型の変数「ritu」を使用することを宣言
4. 　倍精度浮動小数点数型の変数「nebiki」を使用することを宣言
5. 　整数型の変数「i」を使用することを宣言
6. 　エラー処理を開始（実行時エラーが発生しても処理を継続）
7. 　変数「i」が「0」から「9」になるまで次の行以降の処理を繰り返す
8. 　　変数「teika」に「0」を代入
9. 　　変数「ritu」に「0」を代入
10. 　　セル【C4】から変数「i」だけ下の行のセルの値を変数「teika」に代入
11. 　　セル【D4】から変数「i」だけ下の行のセルの値を変数「ritu」に代入
12. 　　変数「teika」×（1−変数「ritu」）の結果を変数「nebiki」に代入
13. 　　セル【E4】から変数「i」だけ下の行のセルに変数「nebiki」を代入
14. 　変数「i」に変数「i」+1の結果を代入し、7行目に戻る
15. プロシージャ終了

※コンパイルを実行し、上書き保存しておきましょう。
※プロシージャの動作を確認します。

Practice

OPEN
フォルダー「第7章」
E 7-3 Practice

「原価率計算」プロシージャには、原価率を計算する処理が記述されていますが、実行時エラーが発生します。実行時エラーが発生しても次の処理を継続するように、プロシージャを修正しましょう。

標準解答

7-4

第7章 エラー処理・デバッグ

実行時エラーの発生時に別の処理を実行するには?

「On Error GoToステートメント」を使うと、実行時エラーの発生時に別の処理を実行できます。このような実行時エラーが発生したときに実行する処理のことを「**エラー処理ルーチン**」といいます。On Error GoToステートメント以降の処理で実行時エラーが発生すると、エラー処理ルーチンへ制御を移します。エラー処理ルーチンはプロシージャの最後に記述します。

※なお、エラー処理ルーチンの前に「Exit Subステートメント」を記述して、プロシージャを抜け出すようにします。記述しなかった場合、実行時エラーが発生しなくても、最後にエラー処理ルーチンが実行されてしまいます。

■ On Error GoToステートメント

実行時エラーが発生した場合、指定した「行ラベル」のエラー処理ルーチンに制御を移します。

構 文	On Error GoTo 行ラベル

行ラベルとは、プロシージャ内の特定の場所に名前を付けて示す目印です。主にエラー処理ルーチンの場所を指定します。行ラベルは、「行ラベル名」に「:」を付けて記述します。

STEP UP Resumeステートメント／Next Resumeステートメント

「Resumeステートメント」を使うと、エラー処理ルーチン実行後、実行時エラーが発生したステートメントへ戻り、ステートメントを再度実行できます。また「Resume Nextステートメント」を使うと、実行時エラーが発生したステートメントの次のステートメントへ戻ることができます。

■ Resumeステートメント

実行時エラーの原因となったステートメントへ制御を戻します。

例：実行時エラー発生時「ErrorHandler」に移り、エラー処理ルーチン実行後、メイン処理に戻る

```
On Error GoTo ErrorHandler
メイン処理
ErrorHandler：
    エラー処理ルーチン
    Resume
```

Lesson

OPEN

フォルダー「第7章」

E 7-4 Lesson

「値引き額計算」プロシージャは、実行時エラーが発生しても処理を中断せず継続するように記述されています。実行時エラーが発生したときに「**値引き率には数値を入力してください。（改行）処理を終了します。**」とメッセージを表示し、処理を中断させるようにプロシージャを修正しましょう。エラー処理ルーチンの行ラベルは「**ErrorNebikirate**」とします。

Answer

※VBEを起動し、《標準モジュール》→「Module1」を開いておきましょう。

❶「値引き額計算」プロシージャを、次のように修正します。

■「値引き額計算」プロシージャ

1. Sub 値引き額計算()
2. 　　Dim teika As Double
3. 　　Dim ritu As Double
4. 　　Dim nebiki As Double
5. 　　Dim i As Integer
6. 　　On Error GoTo ErrorNebikirate
7. 　　For i = 0 To 9
8. 　　　　teika = 0
9. 　　　　ritu = 0
10. 　　　　teika = Range("C4").Offset(i, 0).Value
11. 　　　　ritu = Range("D4").Offset(i, 0).Value
12. 　　　　nebiki = teika * (1 - ritu)
13. 　　　　Range("E4").Offset(i, 0).Value = nebiki
14. 　　Next
15. 　　Exit Sub
16. ErrorNebikirate:
17. 　　MsgBox "値引き率には数値を入力してください。" & Chr(10) & "処理を終了します。"
18. End Sub

■プロシージャの意味

1. 「値引き額計算」プロシージャ開始
2. 　　倍精度浮動小数点数型の変数「teika」を使用することを宣言
3. 　　倍精度浮動小数点数型の変数「ritu」を使用することを宣言
4. 　　倍精度浮動小数点数型の変数「nebiki」を使用することを宣言
5. 　　整数型の変数「i」を使用することを宣言
6. 　　エラー処理を開始（実行時エラーが発生したら「ErrorNebikirate」に制御を移す）
7. 　　変数「i」が「0」から「9」になるまで次の行以降の処理を繰り返す
8. 　　　　変数「teika」に「0」を代入
9. 　　　　変数「ritu」に「0」を代入
10. 　　　　セル【C4】から変数「i」だけ下の行のセルの値を変数「teika」に代入
11. 　　　　セル【D4】から変数「i」だけ下の行のセルの値を変数「ritu」に代入
12. 　　　　変数「teika」×（1−変数「ritu」）の結果を変数「nebiki」に代入
13. 　　　　セル【E4】から変数「i」だけ下の行のセルに変数「nebiki」を代入
14. 　　変数「i」に変数「i」+1の結果を代入し、7行目に戻る
15. 　　プロシージャを抜け出す
16. エラー処理ルーチン（行ラベル ErrorNebikirate）
17. 　　メッセージを表示
18. プロシージャ終了

※コンパイルを実行し、上書き保存しておきましょう。
※プロシージャの動作を確認します。

Practice

「原価率計算」プロシージャは、実行時エラーが発生しても処理を中断せず次の処理を継続するように記述されています。実行時エラーが発生したときに**「0による除算はできません。（改行）処理を継続します。」**とメッセージを表示し、**「価格」**が未入力の場合、**「価格」**には**「原価」**の2倍の値を設定して処理を継続するようにプロシージャを修正しましょう。エラー処理ルーチンの行ラベルは**「ErrorKakaku」**とします。

第8章

ユーザーフォームの利用

8-1 ユーザーフォームを追加・表示するには？

第8章 ユーザーフォームの利用

「ユーザーフォーム」とは、VBAで利用できる独自のダイアログボックスのことです。そして、ユーザーフォームに追加するボタンなどの部品を「**コントロール**」といいます。ユーザーフォームに追加したコントロールは、プロパティを設定したり、メソッドを実行したりできます。
ユーザーフォームを追加・表示する方法は、次のとおりです。

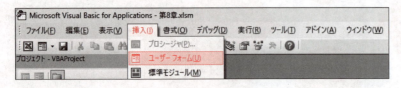

①《挿入》をクリックします。
②《ユーザーフォーム》をクリックします。

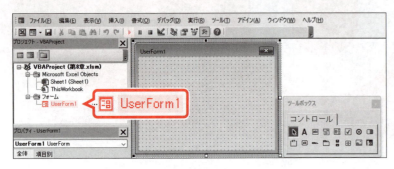

新しいユーザーフォームが追加されます。
③プロジェクトエクスプローラーの「UserForm1」をクリックします。
④ユーザーフォームのタイトルバー上をクリックします。
⑤ ▶ (Sub/ユーザーフォームの実行) をクリックします。

Excelに切り替わり、ユーザーフォームが表示されます。

ユーザーフォームやコントロールは様々なプロパティを持っています。プロパティは「**プロパティウィンドウ**」で設定できます。プロパティウィンドウの構成は次のとおりです。

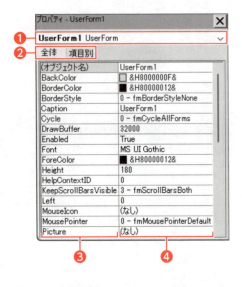

プロパティ	説明
❶《オブジェクト》ボックス	現在選択しているオブジェクト名（太字）とオブジェクトの種類が表示されます。⌄をクリックすると、オブジェクトの一覧（ユーザーフォームとユーザーフォームに追加したコントロールの一覧）からオブジェクトを選択できます。
❷《プロパティリスト》タブ	《全体》タブを選択すると、選択しているオブジェクトのプロパティがアルファベット順で表示されます。《項目別》タブを選択すると、選択しているオブジェクトのプロパティがいくつかの項目ごとに分類されて表示されます。
❸プロパティ名	選択しているオブジェクトのプロパティ名が表示されます。プロパティ名の上でクリックすると、青く反転表示され選択状態になります。
❹設定値	各プロパティに設定されている値が表示されます。プロパティの設定値を直接入力したり、設定値を一覧から選択したりできます。

例えば、新しく追加したユーザーフォーム「UserForm1」のオブジェクトの名前を変更する場合は、《(オブジェクト名)》をクリックし、その設定値に変更したい名前を入力します。また、ユーザーフォームのタイトルバーの表示文字列を変更する場合は、《Caption》をクリックし、その設定値に変更したい表示文字列を入力します。

Lesson

OPEN フォルダー「第8章」
8-1 Lesson

新しいユーザーフォームを追加し、表示させましょう。ユーザーフォームのオブジェクト名は「**名簿入力**」とし、ユーザーフォームのタイトルバーの表示文字列は「**社員情報の入力**」とします。

Answer

※VBEを起動しておきましょう。

❶《挿入》をクリックします。

❷《ユーザーフォーム》をクリックします。

新しいユーザーフォームが作成されます。

❸プロジェクトエクスプローラーの「UserForm1」をクリックします。

プロパティウィンドウの《オブジェクト》ボックスに「UserForm1 UserForm」と表示されます。

❹プロパティウィンドウの《(オブジェクト名)》をクリックします。

❺《(オブジェクト名)》の設定値に「**名簿入力**」と入力し、[Enter]を押します。

プロパティウィンドウの《オブジェクト》ボックスが「名簿入力　UserForm」に変わります。

❻プロパティウィンドウの《Caption》をクリックします。

❼《Caption》の設定値に「**社員情報の入力**」と入力し、[Enter]を押します。

ユーザーフォームのタイトルバーに「社員情報の入力」と表示されます。

❽ユーザーフォームのタイトルバーをクリックします。

❾ ▶ (Sub/ユーザーフォームの実行)をクリックします。

Excelに切り替わり、ユーザーフォームが表示されます。

※ユーザーフォームを閉じておきましょう。ユーザーフォームを閉じると、VBEに切り替わります。
※上書き保存しておきましょう。

Practice

OPEN フォルダー「第8章」
8-1 Practice

新しいユーザーフォームを追加し、表示させましょう。ユーザーフォームのオブジェクト名は「**受注入力**」とし、ユーザーフォームのタイトルバーの表示文字列は「**受注情報の入力**」とします。

標準解答

143

第8章 ユーザーフォームの利用

8-2 コマンドボタンを追加するには？

ユーザーフォームにコントロールを追加するには、《ツールボックス》を使います。《ツールボックス》はユーザーフォームウィンドウがアクティブになると自動的に表示されます。
ユーザーフォームに「**コマンドボタン**」を追加する方法は、次のとおりです。

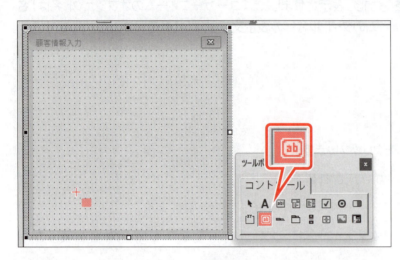

①ユーザーフォーム上をクリックします。
②《ツールボックス》の [ab] (コマンドボタン) をクリックします。
※Excelのバージョンによって、ボタンが異なる場合があります。
③コマンドボタンを追加する場所をポイントします。
マウスポインターの形が ＋ に変わります。
※Excelのバージョンによって、マウスポインターの形が異なる場合があります。
④クリックします。

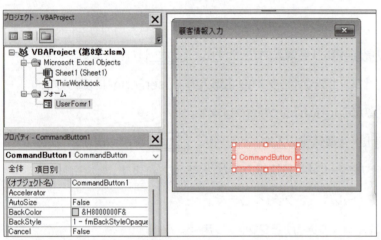

既定のサイズのコマンドボタンが追加されます。
※ドラッグすると任意のサイズのコマンドボタンが追加されます。

必要に応じて、プロパティウィンドウから、プロパティを設定しておきましょう。コマンドボタンの表示文字列は、《Caption》プロパティで設定します。

STEP UP　その他の方法 (コマンドボタンのCaptionプロパティの変更)

◆コマンドボタンを選択→コマンドボタンを再度クリック→文字列を入力

STEP UP　コントロールのコピー

同じ種類のコントロールを複数追加する場合は、コピーを使うと効率的です。[Ctrl]を押しながらコントロールをドラッグすると、そのコントロールをコピーできます。コピーしたコントロールのオブジェクト名は自動的に変更され、プロパティの設定値はそのまま引き継がれます。

STEP UP　フォームやコントロールのサイズ

フォームやコントロールのサイズは、□(サイズ変更ハンドル)をドラッグして変更できます。また、《Height》プロパティや《Width》プロパティに数値を指定することもできます。

Lesson

OPEN
フォルダー「第8章」
E 8-2 Lesson

ユーザーフォーム「**名簿入力**」の下部にコマンドボタンを2つ追加し、左右に並べて配置しましょう。コマンドボタンのオブジェクト名と表示文字列は、それぞれ次のように設定します。
- 左側のコマンドボタン：「**cmdOK**」、「**登録**」
- 右側のコマンドボタン：「**cmdClose**」、「**閉じる**」

Answer

※VBEを起動しておきましょう。

❶ プロジェクトエクスプローラーのフォーム「**名簿入力**」をダブルクリックします。

❷ 《ツールボックス》の [ab] （コマンドボタン）をクリックします。

❸ 左側のコマンドボタンを追加する場所をポイントします。

マウスポインターの形が ⁺■ に変わります。

❹ クリックします。

既定のサイズのコマンドボタンが追加されます。

❺ コマンドボタンが選択されていることを確認します。

❻ [Ctrl] を押しながらコマンドボタンを右側にドラッグします。

コマンドボタンがコピーされます。

❼ 左側の「**CommandButton1**」コマンドボタンを選択します。

❽ プロパティウィンドウの《（オブジェクト名）》をクリックします。

❾ 《（オブジェクト名）》の設定値に「**cmdOK**」と入力し、[Enter] を押します。

プロパティウィンドウの《オブジェクト》ボックスが「**cmdOK CommandButton**」に変わります。

❿ プロパティウィンドウの《Caption》をクリックします。

⓫ 《Caption》の設定値に「**登録**」と入力し、[Enter] を押します。

ユーザーフォームの左側のコマンドボタンに「**登録**」と表示されます。

⓬ 同様に、右側の「**CommandButton2**」コマンドボタンのプロパティを設定します。

※ユーザーフォームを実行して結果を確認しておきましょう。VBEに切り替え、上書き保存しておきましょう。

Practice

OPEN
フォルダー「第8章」
E 8-2 Practice

標準解答

ユーザーフォーム「**受注入力**」の下部にコマンドボタンを2つ追加し、左右に並べて配置しましょう。コマンドボタンのオブジェクト名と表示文字列は、それぞれ次のように設定します。
- 左側のコマンドボタン：「**cmdSend**」、「**送信**」
- 右側のコマンドボタン：「**cmdClose**」、「**閉じる**」

145

8-3 ラベルを追加するには？

ユーザーフォームに「**ラベル**」を追加する方法は、次のとおりです。

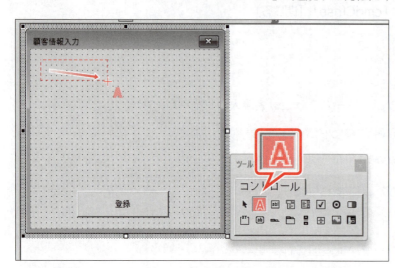

①ユーザーフォーム上をクリックします。
②《**ツールボックス**》の **A** （ラベル）をクリックします。
※Excelのバージョンによって、ボタンが異なる場合があります。
③ラベルを追加する場所をポイントします。
マウスポインターの形が ⁺A に変わります。
※Excelのバージョンによって、マウスポインターの形が異なる場合があります。
④図のようにドラッグします。

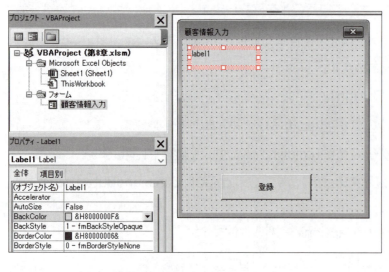

任意のサイズのラベルが追加されます。

必要に応じて、プロパティウィンドウから、プロパティを設定しておきましょう。ラベルの表示文字列は、《**Caption**》プロパティで設定します。

STEP UP 標準的なコントロールの名前の付け方

ユーザーフォームに複数の種類のコントロールが混在する場合は、コントロールの種類が判断できるように、オブジェクト名の先頭に次のような小文字の略語を付けるとよいでしょう。

コントロール	オブジェクト	略語
コマンドボタン	CommandButton	cmd
ラベル	Label	lbl
テキストボックス	TextBox	txt
オプションボタン	OptionButton	opt
チェックボックス	CheckBox	chk
リストボックス	ListBox	lst
コンボボックス	ComboBox	cbo

STEP UP 《ツールボックス》の再表示

《ツールボックス》を閉じると、ユーザーフォームウィンドウをアクティブにしても自動的に表示されなくなります。
《ツールボックス》を再表示する場合は、VBEの《標準》ツールバーの (ツールボックス)をクリックします。

Lesson

OPEN
フォルダー「第8章」
8-3 Lesson

ユーザーフォーム「**名簿入力**」にラベルを4つ追加し、左側の縦一列に配置しましょう。
ラベルの表示文字列は、それぞれ次のように設定します。
- 上から1番目のラベル：「**氏名**」
- 上から2番目のラベル：「**採用形態**」
- 上から3番目のラベル：「**配属部署**」
- 上から4番目のラベル：「**勤務形態**」

Answer

※VBEを起動しておきましょう。

❶ プロジェクトエクスプローラーのフォーム「**名簿入力**」をダブルクリックします。

❷《ツールボックス》の A (ラベル)をクリックします。

❸ 上から1番目のラベルを追加する場所をポイントします。

マウスポインターの形が ⁺A に変わります。

❹ 右下方向にドラッグします。

任意のサイズのラベルが追加されます。

❺ プロパティウィンドウの《Caption》をクリックします。

❻《Caption》の設定値に「氏名」と入力し、 Enter を押します。

ユーザーフォームのラベルに「氏名」と表示されます。

❼ 同様に残りのラベルを追加して、プロパティを設定します。

※ラベルの追加はコピーを使うと効率的です。
※ユーザーフォームを実行して結果を確認しておきましょう。VBEに切り替え、上書き保存しておきましょう。

Practice

OPEN
フォルダー「第8章」
8-3 Practice

標準解答

ユーザーフォーム「**受注入力**」にラベルを4つ追加し、左側の縦一列に配置しましょう。
ラベルの表示文字列は、それぞれ次のように設定します。
- 上から1番目のラベル：「**商品コード**」
- 上から2番目のラベル：「**ラッピング**」
- 上から3番目のラベル：「**支払方法**」
- 上から4番目のラベル：「**通知設定**」

第8章 ユーザーフォームの利用

8-4 テキストボックスを追加するには？

ユーザーフォームに「**テキストボックス**」を追加する方法は、次のとおりです。

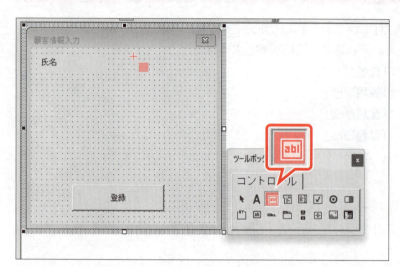

①ユーザーフォーム上をクリックします。
②《**ツールボックス**》の（テキストボックス）をクリックします。
※Excelのバージョンによって、ボタンが異なる場合があります。
③テキストボックスを追加する場所をポイントします。
マウスポインターの形が＋■に変わります。
※Excelのバージョンによって、マウスポインターの形が異なる場合があります。
④クリックします。

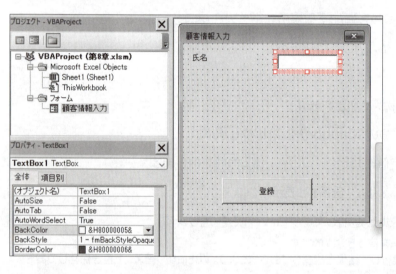

既定のサイズのテキストボックスが追加されます。

必要に応じて、プロパティウィンドウから、プロパティを設定しておきましょう。また、追加したテキストボックスの《IMEMode》プロパティを使うと、テキストボックスを選択したときに、日本語入力システム（IME）が自動的に切り替わるように指定できます。

STEP UP 《IMEMode》プロパティ

《IMEMode》プロパティの設定値には、次のような定数を指定できます。

定数の例	内容
0-fmIMEModeNoControl	IMEを制御しない
1-fmIMEModeOn	IMEの日本語入力をオン
2-fmIMEModeOff	IMEの日本語入力をオフ
3-fmIMEModeDisable	IMEの日本語入力をオフ ユーザーの操作でオンにすることはできない
4-fmIMEModeHiragana	全角ひらがなモードで日本語入力をオン

STEP UP テキストボックスの最大文字数の設定

テキストボックスに入力できる文字数を制限する場合は、《MaxLength》プロパティの設定値に最大文字数を入力します。《MaxLength》プロパティの既定値は0となっており、最大文字数の制限はされていません。

Lesson

OPEN フォルダー「第8章」 8-4 Lesson

ユーザーフォーム「**名簿入力**」にテキストボックスを追加しましょう。「**Label1**」ラベルの右側に配置します。テキストボックスのオブジェクト名に「**txtShimei**」、《IMEMode》に「**4-fmIMEModeHiragana**」を設定します。

Answer

※VBEを起動しておきましょう。

❶ プロジェクトエクスプローラーのフォーム「**名簿入力**」をダブルクリックします。

❷《ツールボックス》の（テキストボックス）をクリックします。

❸ テキストボックスを追加する場所をポイントします。

マウスポインターの形が に変わります。

❹ クリックします。

既定のサイズのテキストボックスが追加されます。

❺ プロパティウィンドウの《(オブジェクト名)》をクリックします。

❻《(オブジェクト名)》の設定値に「txtShimei」と入力し、[Enter]を押します。

プロパティウィンドウの《オブジェクト》ボックスが「txtShimei TextBox」に変わります。

❼ プロパティウィンドウの《IMEMode》をクリックします。

❽《IMEMode》の設定値の をクリックし、「4-fmIMEModeHiragana」を選択します。

※ユーザーフォームを実行して結果を確認しておきましょう。VBEに切り替え、上書き保存しておきましょう。

Practice

OPEN フォルダー「第8章」 8-4 Practice

ユーザーフォーム「**受注入力**」にテキストボックスを追加しましょう。「**Label1**」ラベルの右側に配置します。テキストボックスのオブジェクト名に「**txtShohinCode**」、《IMEMode》に「**2-fmIMEModeOff**」を設定します。

標準解答

149

8-5 オプションボタンを追加するには?

ユーザーフォームに「オプションボタン」を追加する方法は、次のとおりです。

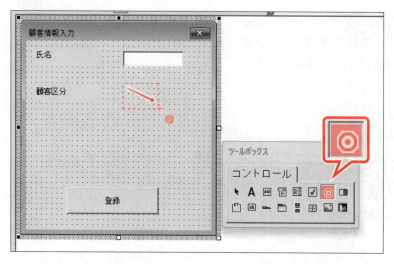

① ユーザーフォーム上をクリックします。
②《ツールボックス》の ◉ (オプションボタン) をクリックします。
※Excelのバージョンによって、ボタンが異なる場合があります。
③ オプションボタンを追加する場所をポイントします。
マウスポインターの形が、＋● に変わります。
※Excelのバージョンによって、ボタンが異なる場合があります。
④ 図のようにドラッグします。

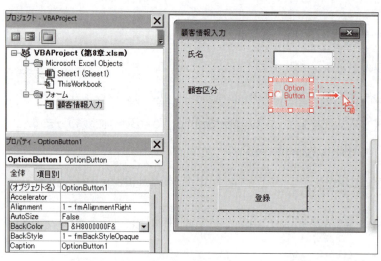

任意のサイズのオプションボタンが追加されます。
⑤「OptionButton1」オプションボタンが選択されていることを確認します。
⑥ Ctrl を押しながら図のようにドラッグします。
オプションボタンがコピーされます。

必要に応じて、プロパティウィンドウから、プロパティを設定しておきましょう。オプションボタンの表示文字列は、《Caption》プロパティで設定します。
オプションボタンの《Value》プロパティでは、オプションボタンのオン・オフを設定します。既定値をオンにするときはTrueを設定します。オプションボタンは複数の選択のうち1つだけ選択できるので、Trueを指定できるのは1つだけです。

Lesson

OPEN
フォルダー「第8章」
8-5 Lesson

ユーザーフォーム「名簿入力」にオプションボタンを追加しましょう。「Label2」ラベルの右側に左右に並べて配置します。オプションボタンのオブジェクト名、表示文字列、値は、それぞれ次のように設定します。
・左側のオプションボタン：「opt1」、「新卒」、「True」
・右側のオプションボタン：「opt2」、「中途」、「False」

Answer

※VBEを起動しておきましょう。

❶ プロジェクトエクスプローラーのフォーム「**名簿入力**」をダブルクリックします。

❷《ツールボックス》の ⦿（オプションボタン）をクリックします。

❸ 左側のオプションボタンを追加する場所をポイントします。

マウスポインターの形が ⁺● に変わります。

❹ 右下方向にドラッグします。

任意のサイズのオプションボタンが追加されます。

❺「OptionButton1」オプションボタンが選択されていることを確認します。

❻ [Ctrl] を押しながらオプションボタンを右側にドラッグします。

オプションボタンがコピーされます。

❼「OptionButton1」オプションボタンを選択します。

❽ プロパティウィンドウの《(オブジェクト名)》をクリックします。

❾《(オブジェクト名)》の設定値に「opt1」と入力し、[Enter]を押します。

プロパティウィンドウの《オブジェクト》ボックスが「opt1 OptionButton」に変わります。

❿ プロパティウィンドウの《Caption》をクリックします。

⓫《Caption》の設定値に「新卒」と入力し、[Enter]を押します。

ユーザーフォームのオプションボタンに「新卒」と表示されます。

⓬ プロパティウィンドウの《Value》をクリックします。

⓭《Value》の設定値に「True」と入力し、[Enter]を押します。

⓮ 同様に、「OptionButton2」オプションボタンのプロパティを設定します。

※ユーザーフォームを実行して結果を確認しておきましょう。VBEに切り替え、上書き保存しておきましょう。

Practice

ユーザーフォーム「**受注入力**」オプションボタンを追加しましょう。「**Label2**」ラベルの右側に左右に並べて配置します。オプションボタンのオブジェクト名、表示文字列、値は、それぞれ次のように設定します。

・左側のオプションボタン：「opt1」、「有」、「False」
・右側のオプションボタン：「opt2」、「無」、「True」

151

第8章 ユーザーフォームの利用

8-6 コンボボックスを追加するには？

ユーザーフォームに「コンボボックス」を追加する方法は、次のとおりです。
《RowSource》プロパティを使うと、ワークシートに入力されているリスト（セル範囲）をコンボボックスの一覧に表示することができます。セル範囲に名前が設定されている場合は、《RowSource》プロパティに名前を設定します。

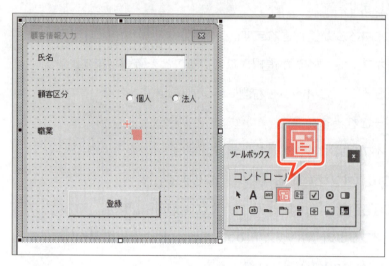

①ユーザーフォーム上をクリックします。
②《ツールボックス》の 📧 （コンボボックス）をクリックします。
※Excelのバージョンによって、ボタンが異なる場合があります。
③コンボボックスを追加する場所をポイントします。
マウスポインターの形が ＋■ に変わります。
※Excelのバージョンによって、ボタンが異なる場合があります。
④クリックします。

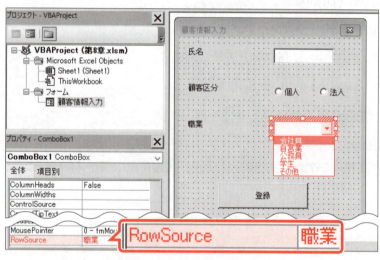

既定のサイズのコンボボックスが追加されます。
⑤プロパティウィンドウの《RowSource》をクリックします。
⑥《RowSource》の設定値に参照する範囲の名前を入力し、[Enter]を押します。
※ここでは名前「職業」を指定しています。
ユーザーフォームのコンボボックスの ▼ をクリックすると、職業一覧のリストが表示されます。

必要に応じて、プロパティウィンドウから、プロパティを設定しておきましょう。

STEP UP　リストボックスを追加する方法

リストボックスは項目を一覧表示し、表示された項目を選択できます。リストボックスを追加する方法は次のとおりです。

◆《ツールボックス》の 📋 （リストボックス）→リストボックスを追加する場所をポイント→クリックまたはドラッグ

※《RowSource》の設定値に、セル範囲または名前が付けられているセル範囲を指定します。

152

STEP UP コンボボックスとリストボックスの違い

コンボボックスとリストボックスは、どちらもユーザーがリストから選択する点では共通しています。しかし、コンボボックスでは、リストにない項目をユーザーが直接入力できるのに対し、リストボックスではリスト内の項目からしか選ぶことができません。

Lesson

OPEN

フォルダー「第8章」
E 8-6 Lesson

ユーザーフォーム「**名簿入力**」にコンボボックスを追加しましょう。「**Label3**」ラベルの右側に配置します。コンボボックスのオブジェクト名に「**cboBusyo**」、表示されるリストに「**配属部署**」を設定します。
※ここではワークシート「部署一覧」のセル範囲【A1：A5】に「配属部署」という名前が付けられています。

Answer

※VBEを起動しておきましょう。

❶ プロジェクトエクスプローラーのフォーム「名簿入力」をダブルクリックします。

❷ 《ツールボックス》の 🔳（コンボボックス）をクリックします。

❸ コンボボックスを追加する場所をポイントします。

マウスポインターの形が ⁺■ に変わります。

❹ クリックします。

既定のサイズのコンボボックスが追加されます。

❺ プロパティウィンドウの《(オブジェクト名)》をクリックします。

❻ 《(オブジェクト名)》の設定値に「cboBusyo」と入力し、[Enter]を押します。

プロパティウィンドウの《オブジェクト》ボックスが「cboBusyo ComboBox」に変わります。

❼ プロパティウィンドウの《RowSource》をクリックします。

❽ 《RowSource》の設定値に「配属部署」と入力し、[Enter]を押します。

ユーザーフォームのコンボボックスの ▼ をクリックすると、配属部署のリストが表示されます。

※ユーザーフォームを実行して結果を確認しておきましょう。VBEに切り替え、上書き保存しておきましょう。

Practice

OPEN

フォルダー「第8章」
E 8-6 Practice

標準解答

ユーザーフォーム「**受注入力**」にリストボックスを追加しましょう。「**Label3**」ラベルの右側に配置します。リストボックスのオブジェクト名に「**lstShiharai**」、表示されるリストに「**支払方法**」を設定します。
※ここではワークシート「支払方法」のセル範囲【A1：A4】に「支払方法」という名前が付けられています。

8-7 チェックボックスを追加するには？

第8章　ユーザーフォームの利用

ユーザーフォームに「**チェックボックス**」を追加する方法は、次のとおりです。

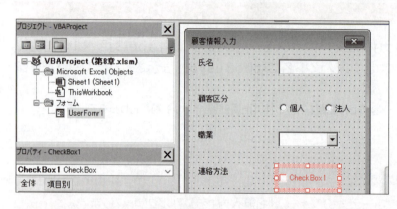

①《ツールボックス》の ☑ (チェックボックス) をクリックします。
②チェックボックスを追加する場所で、ドラッグします。
任意のサイズのチェックボックスが追加されます。

Lesson

OPEN フォルダー「第8章」 8-7 Lesson

ユーザーフォーム「**名簿入力**」にチェックボックスを追加しましょう。「**Label4**」ラベルの右側に配置します。チェックボックスのオブジェクト名に「**chk**」、表示文字列に「**テレワーク可**」と設定します。

Answer

※VBEを起動しておきましょう。

❶ プロジェクトエクスプローラーのフォーム「**名簿入力**」をダブルクリックします。

❷《ツールボックス》の ☑ (チェックボックス) をクリックします。

❸ チェックボックスを追加する場所でドラッグします。

任意のサイズのチェックボックスが追加されます。

❹ プロパティウィンドウの《(オブジェクト名)》をクリックします。

❺《(オブジェクト名)》の設定値に「**chk**」と入力し、[Enter]を押します。

❻ プロパティウィンドウの《Caption》をクリックします。

❼《Caption》の設定値に「**テレワーク可**」と入力し、[Enter]を押します。

※ユーザーフォームを実行して結果を確認しておきましょう。VBEに切り替え、上書き保存しておきましょう。

Practice

OPEN フォルダー「第8章」 8-7 Practice

標準解答

ユーザーフォーム「**受注入力**」にチェックボックスを追加しましょう。「**Label4**」ラベルの右側に左右に並べて配置しましょう。チェックボックスのオブジェクト名と表示文字列は、それぞれ次のように設定します。

・左側のチェックボックス：「**chk1**」、「**発送完了時**」
・右側のチェックボックス：「**chk2**」、「**配達完了時**」

154

8-8 ユーザーフォームの入力値をセルに反映するには？

第8章　ユーザーフォームの利用

ユーザーフォームの入力値をセルに反映するには、「Clickイベント」、「Textプロパティ」、「Valueプロパティ」などを使い、プロシージャを作成します。

■ Clickイベント

コントロールをクリックしたときに発生します。

```
Private Sub オブジェクト名_Click
    コントロールをクリックしたときに実行する処理
End Sub
```

■ Textプロパティ

テキストボックス、リストボックス、コンボボックスの値を設定・取得します。

| 構文 | オブジェクト名.Text |

■ Valueプロパティ

オプションボタン、チェックボックスなどの値を設定・取得します。オンの場合はTrue、オフの場合はFalseを返します。

| 構文 | オブジェクト名.Value |

```
Private Sub CommandButton1_Click()
    Range("A2") = TextBox1.Text
End Sub
```

① ユーザーフォームの「CommandButton1」コマンドボタンをダブルクリックします。
「CommandButton1_Click」イベントプロシージャが作成されます。
② 図のようにイベントプロシージャの内容を入力します。

③ ▶(Sub/ユーザーフォームの実行)をクリックします。
④ ユーザーフォームが表示されるので、任意の値を入力し、「CommandButton1」コマンドボタンをクリックします。
⑤ セル【A2】に、ユーザーフォームで入力した値が入力されます。

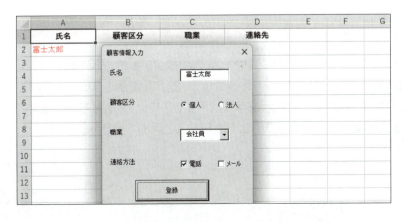

155

STEP UP ユーザーフォームの終了

ユーザーフォームを終了するには「Unloadステートメント」を使います。

```
Private Sub cmdClose_Click()
    Unload 顧客情報入力
End Sub
```

Lesson

OPEN フォルダー「第8章」 8-8 Lesson

「cmdOK」コマンドボタンをクリックしたときに、フォームで入力した値を、セル【A12】～【D12】に反映する「cmdOK_Click」イベントプロシージャを作成して、動作を確認しましょう。なお、チェックボックスがオンの場合は「○」、オフの場合は「×」と入力させます。

Answer

※VBEを起動しておきましょう。

❶ ユーザーフォームの「cmdOK」コマンドボタンをダブルクリックします。

❷ 次のように「cmdOK_Click」イベントプロシージャを入力します。

■「cmdOK_Click」イベントプロシージャ

1. Private Sub cmdOK_Click()
2.   Range("A12").Value = txtShimei.Text
3.   Range("B12").Value = IIf(opt1.Value = True, "新卒", "中途")
4.   Range("C12").Value = cboBusyo.Text
5.   Range("D12").Value = IIf(chk.Value = True, "○", "×")
6. End Sub

■ プロシージャの意味

1. 「cmdOK_Click」イベントプロシージャ開始
2.   セル【A12】にtxtShimeiの値を入力
3.   セル【B12】にopt1がオンの場合は「新卒」、オフの場合は「中途」を入力
4.   セル【C12】にcboBusyoで選択または入力されている項目の値を入力
5.   セル【D12】にchkがオンの場合は「○」、オフの場合は「×」を入力
6. イベントプロシージャ終了

※ユーザーフォームを実行して結果を確認しておきましょう。VBEに切り替え、上書き保存しておきましょう。

❸ ユーザーフォームのコントロールに、任意の値を設定し、「cmdOK」ボタンをクリックします。

Practice

OPEN フォルダー「第8章」 8-8 Practice

「cmdSend」コマンドボタンをクリックしたときに、フォームで入力した値を、表の最終行に反映する、「cmdSend_Click」イベントプロシージャを作成して、動作を確認しましょう。なお、一方のチェックボックスがオンの場合はその表示文字列、チェックボックスがどちらもオンの場合は「発送完了時&配達完了時」、どちらもオフのときは「なし」と入力させます。

標準解答

第9章

ファイルシステム
オブジェクトの利用

9-1

第9章　ファイルシステムオブジェクトの利用

フォルダーを操作するには？

フォルダーやファイルなどを操作するには、「**ファイルシステムオブジェクト（FileSystemObject：以下FSOと記載）**」を使用します。プロシージャ内でFSOを利用するためには、FSOの最上位オブジェクトであるFSOオブジェクトを作成する必要があります。「**Newキーワード**」を使ってFSOのインスタンス（複製）を生成し、FileSystemObject型のオブジェクト変数に代入することで、FSOオブジェクトのプロパティやメソッドを扱えます。

■Newキーワード

インスタンス（オブジェクトの複製）を生成します。Dimステートメントと組み合わせて使います。

構　文	Dim オブジェクト変数名 As New FileSystemObject

FSOオブジェクトを使ってフォルダーを操作するには、「**FolderExistsメソッド**」、「**DeleteFolderメソッド**」、「**CreateFolderメソッド**」などを使います。

■FolderExistsメソッド

フォルダーが存在するかどうかを調べます。フォルダーが存在する場合はTrueを、存在しない場合はFalseを返します。

構　文	FSOオブジェクト.FolderExists（FolderSpec）

引数FolderSpecには、パスを含めたファイル名を指定します。

■DeleteFolderメソッド

フォルダーとそのフォルダー内のすべてのファイルを削除します。指定したフォルダーが存在しない場合、エラーが発生します。

構　文	FSOオブジェクト.DeleteFolder（FolderSpec）

引数FolderSpecには、パスを含めたファイル名を指定します。

■CreateFolderメソッド

フォルダーを新たに作成します。指定したフォルダーが存在する場合、エラーが発生します。

構　文	FSOオブジェクト.CreateFolder（Foldername）

引数Foldernameには、パスを含めたファイル名を指定します。

STEP UP Microsoft Scripting Runtimeへの参照設定

VBAからFSOを利用するためには、ライブラリファイル「Microsoft Scripting Runtime」への参照を設定する必要があります。参照を設定するには、VBEの《ツール》→《参照設定》→《参照可能なライブラリファイル》の一覧から《Microsoft Scripting Runtime》を☑にします。

158

Lesson

OPEN フォルダー「第9章」 9-1 Lesson

現在のブックが保存されているフォルダー内にフォルダー「**9-1Lesson**」が存在するかどうかを調べ、存在する場合はフォルダーを削除し、存在しない場合はフォルダーを作成する「**フォルダー作成削除**」プロシージャを作成しましょう。

Answer

❶次のようにプロシージャを入力します。
※VBEを起動し、《挿入》→《標準モジュール》をクリックします。

■「フォルダー作成削除」プロシージャ

```
1.Sub フォルダー作成削除()
2.    Dim MyFSO As New FileSystemObject
3.    Dim folderpath As String
4.    folderpath = ThisWorkbook.Path & "¥9-1Lesson"
5.    If MyFSO.FolderExists(folderpath) Then
6.        MyFSO.DeleteFolder FolderSpec:=folderpath
7.    Else
8.        MyFSO.CreateFolder Path:=folderpath
9.    End If
10.   Set MyFSO = Nothing
11.End Sub
```

■プロシージャの意味

1. 「フォルダー作成削除」プロシージャ開始
2. FileSystemObject型のオブジェクト変数「MyFSO」を使用することを宣言してインスタンスを生成
3. 文字列型の変数「folderpath」を使用することを宣言
4. 変数「folderpath」に実行中のプロシージャが記述されたブックが保存されているフォルダーの絶対パスと「¥9-1Lesson」を連結して代入
5. 変数「folderpath」のフォルダーが存在する場合は
6. 　変数「folderpath」のフォルダーを削除
7. それ以外の場合は
8. 　変数「folderpath」のフォルダーを作成
9. Ifステートメント終了
10. オブジェクト変数「MyFSO」の初期化
11. プロシージャ終了

※コンパイルを実行し、上書き保存しておきましょう。
※プロシージャの動作を確認します。

Practice

OPEN フォルダー「第9章」 9-1 Practice

標準解答

現在のブックが保存されているフォルダー内にフォルダー「**9-1Practice**」と「**9-1Practice2**」が存在するかどうかを調べ、どちらも存在する場合はフォルダーを削除し、どちらも存在しない場合はフォルダーを作成する「**フォルダー作成削除**」プロシージャを作成しましょう。なお、どちらか一方のフォルダーが存在する場合はそのフォルダーだけを削除するようにします。

159

第9章　ファイルシステムオブジェクトの利用

9-2 ファイルを操作するには？

ファイルを操作するには、FSOオブジェクトの「FileExistsメソッド」、「DeleteFileメソッド」、「CopyFileメソッド」などを使います。

■ FileExistsメソッド

ファイルが存在するかどうかを調べます。ファイルが存在する場合はTrueを、存在しない場合はFalseを返します。

構 文	FSOオブジェクト.FileExists (FileSpec)

引数FileSpecには、パスを含めたファイル名を指定します。

■ DeleteFileメソッド

ファイルを削除します。指定したファイルが存在しない場合、エラーが発生します。

構 文	FSOオブジェクト.DeleteFile (FileSpec)

引数FileSpecには、パスを含めたファイル名を指定します。

■ CopyFileメソッド

ファイルをコピーします。コピー先のフォルダー内に同名のファイルが存在する場合、そのファイルを上書きします。

構 文	FSOオブジェクト.CopyFile (Source, Destination)

引数	内容	省略
Source	コピーする元のファイル名を、パスを含めて指定	省略できない
Destination	コピー先とファイル名を、パスを含めて指定	省略できない

Lesson

OPEN

フォルダー「第9章」

[E] 9-2 Lesson

現在のブックが保存されているフォルダー内にファイル「**9-2Lesson2.txt**」が存在するかどうかを調べ、存在する場合はファイルを削除し、存在しない場合は同じフォルダー内のファイル「**9-2Lesson.txt**」をコピーして「**9-2Lesson2.txt**」とする「**ファイルコピー削除**」プロシージャを作成しましょう。

Answer

❶ 次のようにプロシージャを入力します。
※VBEを起動し、《挿入》→《標準モジュール》をクリックします。

■「ファイルコピー削除」プロシージャ

```
1.Sub ファイルコピー削除()
2.    Dim MyFSO As New FileSystemObject
3.    Dim filename As String
4.    Dim filename2 As String
5.    filename = ThisWorkbook.Path & "¥9-2Lesson.txt"
6.    filename2 = ThisWorkbook.Path & "¥9-2Lesson2.txt"
7.    If MyFSO.FileExists(filename2) Then
8.        MyFSO.DeleteFile FileSpec:=filename2
9.    Else
10.       MyFSO.CopyFile Source:=filename, Destination:=filename2
11.   End If
12.   Set MyFSO = Nothing
13.End Sub
```

■プロシージャの意味

1. 「ファイルコピー削除」プロシージャ開始
2. FileSystemObject型のオブジェクト変数「MyFSO」を使用することを宣言してインスタンスを生成
3. 文字列型の変数「filename」を使用することを宣言
4. 文字列型の変数「filename2」を使用することを宣言
5. 変数「filename」に実行中のプロシージャが記述されたブックが保存されているフォルダーの絶対パスと「¥9-2Lesson.txt」を連結して代入
6. 変数「filename2」に実行中のプロシージャが記述されたブックが保存されているフォルダーの絶対パスと「¥9-2Lesson2.txt」を連結して代入
7. 変数「filename2」のファイルが存在する場合は
8. 　変数「filename2」のファイルを削除
9. それ以外の場合は
10. 　変数「filename」のファイルを変数「filename2」の場所とファイル名でコピー
11. Ifステートメント終了
12. オブジェクト変数「MyFSO」の初期化
13. プロシージャ終了

※コンパイルを実行し、上書き保存しておきましょう。
※プロシージャの動作を確認します。

Practice

OPEN
フォルダー「第9章」
E 9-2 Practice

標準解答

現在のブックが保存されているフォルダー内にファイル「**9-2Practice2.txt**」が存在するかどうかを調べ、存在する場合はファイルを削除し、存在しない場合は同じフォルダー内のファイル「**9-2Practice.txt**」をコピーして「**9-2Practice2.txt**」とする「**ファイルコピー削除**」プロシージャを作成しましょう。
さらに、ファイルを削除したときには「「フォルダーの絶対パス+ファイル名」を削除しました」、ファイルを作成したときには「「フォルダーの絶対パス+ファイル名」を作成しました」とメッセージボックスに表示するようにします。

9-3 テキストファイルを読み込むには？

第9章　ファイルシステムオブジェクトの利用

テキストファイルの読み込みには「**TextStreamオブジェクト**」を使います。TextStreamオブジェクトは、FSOオブジェクトの「**OpenTextFileメソッド**」を使って取得します。

■ OpenTextFileメソッド

テキストファイルをTextStreamオブジェクトとして開きます。

構文	FSOオブジェクト.OpenTextFile (FileName, IOMode, Create)

引数	内容	省略
FileName	パスを含めたテキストファイル名を指定	省略できない
IOMode	テキストファイルを開くときの入出力モードを指定	省略できる ※省略するとForReadingが指定されます。
Create	テキストファイルが存在しない場合の動作を指定 Trueを指定すると「テキストファイルを新たに作成」、Falseを指定すると「エラーが発生」	省略できる ※省略するとFalseが指定されます。

●引数IOModeに指定できる定数

定数	内容
ForReading	読み込みモードでテキストファイルを開く（文字列を書き込むことはできない）
ForWriting	書き込み（上書き）モードでテキストファイルを開く（元の内容はすべて破棄される）
ForAppending	書き込み（追記）モードでテキストファイルを開く（テキストファイルの末尾から文字列を追記）

テキストファイル内のすべての文字列を読み込むには「**ReadAllメソッド**」、1行ずつ読み込む場合は「**ReadLineメソッド**」を使います。

■ ReadAllメソッド

読み込み位置からテキストファイルの末尾までの文字列を読み込み、その文字列を返します。

構文	TextStreamオブジェクト.ReadAll

※読み込み位置がテキストファイルの末尾にあるときに実行すると、エラーが発生します。

■ ReadLineメソッド

読み込み位置のある行の文字列を読み込み、その文字列を返します。

構文	TextStreamオブジェクト.ReadLine

※読み込み位置がテキストファイルの末尾にあるときに実行すると、エラーが発生します。

Lesson

OPEN フォルダー「第9章」 9-3 Lesson

テキストファイル「**9-3Lesson.txt**」の文字列をすべて読み込み、セル【A3】に入力する、「**自己紹介テキスト読込**」プロシージャを作成しましょう。

Answer

❶ 次のようにプロシージャを入力します。
※VBEを起動し、《挿入》→《標準モジュール》をクリックします。

■「自己紹介テキスト読込」プロシージャ

```
1.Sub 自己紹介テキスト読込()
2.    Dim MyFSO As New FileSystemObject
3.    Dim MyTXT As TextStream
4.    Dim filename As String
5.    filename = ThisWorkbook.Path & "¥9-3Lesson.txt"
6.    Set MyTXT = MyFSO.OpenTextFile(filename, ForReading)
7.    Range("A3").Value = MyTXT.ReadAll
8.    MyTXT.Close
9.    Set MyFSO = Nothing
10.   Set MyTXT = Nothing
11.End Sub
```

■ プロシージャの意味

1. 「自己紹介テキスト読込」プロシージャ開始
2. FileSystemObject型のオブジェクト変数「MyFSO」を使用することを宣言してインスタンスを生成
3. TextStream型のオブジェクト変数「MyTXT」を使用することを宣言
4. 文字列型の変数「filename」を使用することを宣言
5. 変数「filename」に実行中のプロシージャが記述されたブックが保存されているフォルダーの絶対パスと「¥9-3Lesson.txt」を連結して代入
6. 変数「filename」のテキストファイルを読み込みモードで開いてオブジェクト変数「MyTXT」に代入
7. テキストファイルのすべての文字列を読み込み、セル【A3】に入力
8. テキストファイルを閉じる
9. オブジェクト変数「MyFSO」の初期化
10. オブジェクト変数「MyTXT」の初期化
11. プロシージャ終了

※コンパイルを実行し、上書き保存しておきましょう。
※プロシージャの動作を確認します。

Practice

OPEN フォルダー「第9章」 9-3 Practice

テキストファイル「**9-3Practice.txt**」の文字列を1行ずつ最後まで読み込み、セル【A3】～セル【A7】に入力する「**ラベルテキスト読込**」プロシージャを作成しましょう。

標準解答

9-4 テキストファイルに書き込むには？

第9章　ファイルシステムオブジェクトの利用

テキストファイルに文字列を書き込むには、「TextStreamオブジェクト」の「Writeメソッド」を使います。また、文字列と改行の両方を書き込むには「WriteLineメソッド」、改行だけを書き込むには「WriteBlankLinesメソッド」を使います。

■ Writeメソッド

文字列を書き込みます。

構　文	TextStreamオブジェクト.Write (String)

引数Stringには、書き込むテキストを指定します。

■ WriteLineメソッド

文字列と最後に改行を書き込みます。

構　文	TextStreamオブジェクト.WriteLine (String)

引数Stringには、書き込むテキストを指定します。

■ WriteBlankLinesメソッド

指定した数だけ改行を書き込みます。

構　文	TextStreamオブジェクト.WriteBlankLines (Lines)

引数Linesには、改行文字の数を指定します。

STEP UP テキストファイルを閉じる

開いたテキストファイルを閉じるには、TextStreamオブジェクトの「Closeメソッド」を使います。

■ Closeメソッド

テキストファイルを閉じます。

構　文	TextStreamオブジェクト.Close

Lesson

OPEN

フォルダー「第9章」

E 9-4 Lesson

セル【A9】にある値をテキストファイル「9-4Lesson.txt」に追記する「自己紹介テキスト追記」プロシージャを作成しましょう。なお、テキストファイルの末尾で2行改行してから追記します。

164

Answer

❶ 次のようにプロシージャを入力します。
※VBEを起動し、《挿入》→《標準モジュール》をクリックします。

■「自己紹介テキスト追記」プロシージャ

```
1.Sub 自己紹介テキスト追記()
2.    Dim MyFSO As New FileSystemObject
3.    Dim MyTXT As TextStream
4.    Dim filename As String
5.    filename = ThisWorkbook.Path & "¥9-4Lesson.txt"
6.    Set MyTXT = MyFSO.OpenTextFile(filename, ForAppending)
7.    MyTXT.WriteBlankLines Lines:=2
8.    MyTXT.Write Text:=Range("A9").Value
9.    MyTXT.Close
10.   Set MyFSO = Nothing
11.   Set MyTXT = Nothing
12.End Sub
```

■ プロシージャの意味

1. 「自己紹介テキスト追記」プロシージャ開始
2. FileSystemObject型のオブジェクト変数「MyFSO」を使用することを宣言してインスタンスを生成
3. TextStream型のオブジェクト変数「MyTXT」を使用することを宣言
4. 文字列型の変数「filename」を使用することを宣言
5. 変数「filename」に実行中のプロシージャが記述されたブックが保存されているフォルダーの絶対パスと「¥9-4Lesson.txt」を連結して代入
6. 変数「filename」のテキストファイルを書き込み（追記）モードで開いてオブジェクト変数「MyTXT」に代入
7. テキストファイルに2行改行を書き込む
8. テキストファイルにセル【A9】の値を書き込む
9. テキストファイルを閉じる
10. 変数「MyFSO」の初期化
11. 変数「MyTXT」の初期化
12. プロシージャ終了

※コンパイルを実行し、上書き保存しておきましょう。
※プロシージャの動作を確認します。

Practice

OPEN
フォルダー「第9章」
9-4 Practice

セル【A9】～セル【A13】の値をテキストファイル「9-4Practice.txt」に追記する「ラベルテキスト追加」プロシージャを作成しましょう。なお、テキストファイルの末尾で3行改行してから追記します。

標準解答

165

9-5 CSVファイルを読み込むには？

「CSVファイル」は、複数のデータを「,」で区切ったテキストファイルです。VBAの配列関数や制御構造とFSOを組み合わせると、CSVファイルをExcelへ読み込むことができます。大まかな処理の流れは、次のとおりです。

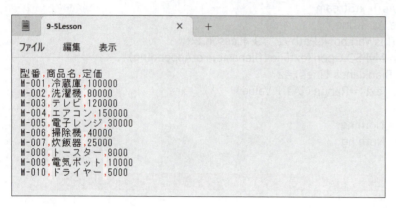

①CSV形式のテキストファイルを読み込みモードで開きます。

②テキストファイルの先頭行は見出しのため、読み込み位置を1行分スキップします。

③1行分の文字列を読み込み、区切り文字「,」で分割して配列に代入します。

※区切り文字による分割には「Split関数」(P.114)を使います。

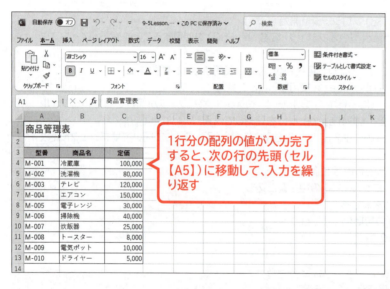

1行分の配列の値が入力完了すると、次の行の先頭（セル【A5】）に移動して、入力を繰り返す

④配列の値を、明細1行目（左図では4行目）のセルへ順番に入力します。

⑤アクティブセルが、次の行（左図では5行目）の先頭へ移動します。

⑥読み込み位置がテキストファイルの末尾になるまで、③～⑤を繰り返します。

現在の読み込み位置がテキストファイルの末尾かどうかを調べるには、TextStreamオブジェクトの「**AtEndOfStreamプロパティ**」を使います。また、読み込み位置を1行分スキップするには、TextStreamオブジェクトの「**SkipLineメソッド**」を使います。

■AtEndOfStreamプロパティ

読み込み位置がテキストファイルの末尾かどうかを調べます。読み込み位置がテキストファイルの末尾にある場合はTrueを、末尾にない場合はFalseを返します。

構　文	TextStreamオブジェクト.AtEndOfStream

※読み込みモードで開かれたテキストファイルだけで有効なプロパティです。

■ SkipLineメソッド

読み込み位置を1つ下の行の先頭に移動します。このとき、文字列は読み込みません。

構 文	TextStreamオブジェクト.SkipLine

※読み込みモードで開かれたテキストファイルだけで有効なメソッドです。

STEP UP 区切り文字による文字列の分割と結合

区切り文字による文字列の分割には、「Split関数」(P.114)を、結合には、「Join関数」(P.114)を使います。

Lesson

OPEN

フォルダー「第9章」
E 9-5 Lesson

テキストファイル「**9-5商品情報.csv**」を読み込み、セル【A4】以降に商品情報を順番に入力する「**商品情報CSV読込**」プロシージャを作成しましょう。

Answer

❶ 次のようにプロシージャを入力します。

※VBEを起動し、《挿入》→《標準モジュール》をクリックします。

■「商品情報CSV読込」プロシージャ

```
1.Sub 商品情報CSV読込 ()
2.     Dim MyFSO As New FileSystemObject
3.     Dim MyTXT As TextStream
4.     Dim filename As String
5.     Dim shohin As Variant
6.     filename = ThisWorkbook.Path & "¥9-5商品情報.csv"
7.     Set MyTXT = MyFSO.OpenTextFile (filename, ForReading)
8.     Range ("A4") .Select
9.     MyTXT.SkipLine
10.    Do Until MyTXT.AtEndOfStream = True
11.         shohin = Split (MyTXT.ReadLine, ",")
12.         With ActiveCell
13.             .Value = shohin (0)
14.             .Offset (0, 1) .Value = shohin (1)
15.             .Offset (0, 2) .Value = shohin (2)
16.             .Offset (1, 0) .Select
17.         End With
18.     Loop
19.     MyTXT.Close
20.     Set MyFSO = Nothing
21.     Set MyTXT = Nothing
22.End Sub
```

167

■ プロシージャの意味

1. 「商品情報CSV読込」プロシージャ開始
2. FileSystemObject型のオブジェクト変数「MyFSO」を使用することを宣言しインスタンスを生成
3. TextStream型のオブジェクト変数「MyTXT」を使用することを宣言
4. 文字列型の変数「filename」を使用することを宣言
5. バリアント型の変数「shohin」を使用することを宣言
6. 変数「filename」に実行中のプロシージャに記述されたブックが保存されているフォルダーの絶対パスと「¥9-5商品情報.csv」を連結して代入
7. 変数「filename」のテキストファイルを読み込みモードで開いてオブジェクト変数「MyTXT」に代入
8. セル【A4】を選択
9. テキストファイルの読み込み位置を1行分スキップ
10. 読み込み位置がテキストファイルの末尾になるまで処理を繰り返す
11. 　1行分の文字列を読み込んで区切り文字「,」で分割し、変数「shohin」に配列として代入
12. 　アクティブセルの
13. 　　値に配列変数「shohin(0)」の値を入力
14. 　　1列右のセルに配列変数「shohin(1)」の値を入力
15. 　　2列右のセルに配列変数「shohin(2)」の値を入力
16. 　　1行下のセルを選択
17. 　Withステートメント終了
18. 10行目に戻る
19. テキストファイルを閉じる
20. 変数「MyFSO」の初期化
21. 変数「MyTXT」の初期化
22. プロシージャ終了

※コンパイルを実行し、上書き保存しておきましょう。
※プロシージャの動作を確認します。

Practice

OPEN フォルダー「第9章」 9-5 Practice

テキストファイル「**9-5お客様情報.csv**」を読み込み、セル【A4】以降にお客様情報を順番に入力する「**お客様情報CSV読込**」プロシージャを作成しましょう。

標準解答

9-6 CSVファイルに書き込むには？

第9章 ファイルシステムオブジェクトの利用

Excelにある値をCSVファイルへ書き込むには、読み込みと同様に、配列や制御構造とFSOを使用します。大まかな処理の流れは、次のとおりです。

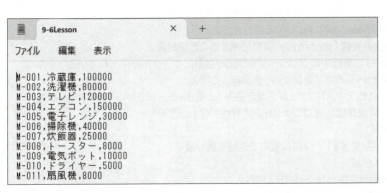

① CSV形式のテキストファイルを書き込みモードで開きます。

② 明細1行目（左図では4行目）のセルの値を、順番に配列の要素へ代入します。

③ アクティブセルが、次の行（左図では5行目）の先頭へ移動します。

④ 配列の各要素を区切り文字「,」で結合し、最後に改行を付けてテキストファイルへ1行分書き込みます。

※区切り文字による文字列の結合には「Join関数」（P.114）を使います。

⑤ アクティブセルが空文字（「""」）になるまで、②〜④を繰り返します。

Lesson

OPEN フォルダー「第9章」 9-6 Lesson

セル範囲【A14：C14】に新しい商品情報「M-011　プリンター　28,000」を入力しましょう。次に商品管理表のデータをテキストファイル「**9-6商品情報.csv**」に上書きする「**商品情報CSV書込**」プロシージャを作成して実行しましょう。

Answer

❶ セル範囲【A14：C14】に、新しい商品情報「M-011　プリンター　28,000」を入力します。

❷ 次のようにプロシージャを入力します。

※VBEを起動し、《挿入》→《標準モジュール》をクリックします。

■「商品情報CSV書込」プロシージャ

```
1.Sub 商品情報CSV書込()
2.    Dim MyFSO As New FileSystemObject
3.    Dim MyTXT As TextStream
4.    Dim filename As String
5.    Dim shohin(2) As Variant
6.    filename = ThisWorkbook.Path & "\9-6商品情報.csv"
7.    Set MyTXT = MyFSO.OpenTextFile(filename, ForWriting, True)
8.    Range("A3").Select
```

169

```
 9.     Do Until ActiveCell.Value = ""
10.         With ActiveCell
11.             shohin(0) = .Value
12.             shohin(1) = .Offset(0, 1).Value
13.             shohin(2) = .Offset(0, 2).Value
14.             .Offset(1, 0).Select
15.         End With
16.         MyTXT.WriteLine Text:=Join(shohin, ",")
17.     Loop
18.     MyTXT.Close
19.     Set MyFSO = Nothing
20.     Set MyTXT = Nothing
21.End Sub
```

■ プロシージャの意味

1. 「商品情報CSV書込」プロシージャ開始
2. FileSystemObject型のオブジェクト変数「MyFSO」を使用することを宣言してインスタンスを生成
3. TextStream型のオブジェクト変数「MyTXT」を使用することを宣言
4. 文字列型の変数「filename」を使用することを宣言
5. バリアント型の配列変数「shohin」を3要素使用することを宣言
6. 変数「filename」に実行中のプロシージャが記述されたブックが保存されているフォルダーの絶対パスと「¥9-6商品情報.csv」を連結して代入
7. 変数「filename」のテキストファイルを書き込み（上書き）モードで開いて（ファイルが存在しない場合は新規作成）、オブジェクト変数「MyTXT」に代入
8. セル【A3】を選択
9. アクティブセルが空文字（「""」）になるまで処理を繰り返す
10.   アクティブセルの
11.   値を配列変数「shohin(0)」に代入
12.   1列右のセルの値を配列変数「shohin(1)」に代入
13.   2列右のセルの値を配列変数「shohin(2)」に代入
14.   1行下のセルを選択
15.   Withステートメント終了
16.   配列変数「shohin」の各要素を区切り文字「,」で結合した文字列と改行を書き込む
17. 9行目に戻る
18. テキストファイルを閉じる
19. 変数「MyFSO」の初期化
20. 変数「MyTXT」の初期化
21. プロシージャ終了

※コンパイルを実行し、上書き保存しておきましょう。
※プロシージャの動作を確認します。

Practice

OPEN
フォルダー「第9章」
9-6 Practice

テキストファイル「9-6お客様情報1.csv」を読み込み、セル【A4】以降にお客様情報を順番に入力する「お客様情報CSV読込」プロシージャを実行しましょう。プロシージャ実行後、セル範囲【A19:C19】に新しいお客様情報「50016　近藤　佐紀　120,000」を入力しましょう。次にお客様リストのデータをテキストファイル「9-6お客様情報2.csv」に上書きする「お客様情報CSV書込」プロシージャを作成しましょう。